信息技术科普丛书

ALGORITHMS
UNLOCKED

算法基础

打开算法之门（双色版）

[美] 托马斯·H. 科尔曼　　著
Thomas H. Cormen

王宏志　译

机械工业出版社
CHINA MACHINE PRESS

Thomas H. Cormen: Algorithms Unlocked (ISBN 978-0-262-51880-2).

Original English language edition copyright © 2013 by Massachusetts Institute of Technology.

Simplified Chinese Translation Copyright © 2024 by China Machine Press.

Simplified Chinese translation rights arranged with MIT Press through Bardon-Chinese Media Agency.

图书在版编目（CIP）数据

算法基础：打开算法之门：双色版 /（美）托马斯·H.科尔曼（Thomas H. Cormen）著；王宏志译 . —北京：机械工业出版社，2024.2

（信息技术科普丛书）

书名原文：Algorithms Unlocked

ISBN 978-7-111-74902-8

I. ①算⋯　II. ①托⋯　②王⋯　III. ①计算机算法　IV. ① TP301.6

中国国家版本馆 CIP 数据核字（2024）第 027268 号

机械工业出版社（北京市百万庄大街 22 号　邮政编码 100037）

策划编辑：姚　蕾　　　　　责任编辑：姚　蕾
责任校对：贾海霞　陈立辉　　责任印制：刘　媛

涿州市京南印刷厂印刷

2024 年 7 月第 1 版第 1 次印刷

186mm × 240mm · 18 印张 · 245 千字

标准书号：ISBN 978-7-111-74902-8

定价：79.00 元

电话服务　　　　　　　　　　网络服务

客服电话：010-88361066　　　机 工 官 网：www.cmpbook.com
　　　　　010-88379833　　　机 工 官 博：weibo.com/cmp1952
　　　　　010-68326294　　　金 书 网：www.golden-book.com

封底无防伪标均为盗版　　　机工教育服务网：www.cmpedu.com

算法设计与分析是计算机科学的核心内容之一，算法设计与分析的能力也成为计算机科学从业者最重要的基本功之一，因而"算法设计与分析"是计算机专业学生的重要专业课程。尽管算法设计与分析很重要，但这门课程对许多读者来说稍显"高冷"，主要表现为其内容抽象、覆盖范围广、需要的数学基础多，因而学习算法设计与分析仿若攀登一座费时费力的高山。

针对这种情况，计算机领域的大牛 Thomas H. Cormen 出手了。他撰写了此书作为面向算法设计与分析初学者的入门书籍。本书有着如下几个鲜明的特点。

第一，本书仅仅使用了有限的数学知识。对于很多算法初学者来说，阻碍其学习的很重要的一个绊脚石就是算法设计与分析中涉及的大量数学知识，覆盖了概率论、代数、数学分析、图论等多个方面，而本书不需要读者具备这些方面的深入知识，为算法初学者提供了一条入门的捷径。

第二，本书语言通俗生动，并且把算法和现实中的问题紧密连接，避免出现大量算法分析细节。一方面，让算法真正成为生活中的一种思维方式，让读者深入了解算法思想的实际用途；另一方面，对于很多应用背后的算法知识，让读者在"知其然"的同时"知其所以然"。

　　第三，本书覆盖范围广，在 200 多页的篇幅中覆盖了图论算法、字符串算法、密码算法、数据压缩算法，甚至 NP-完全问题和不可判定问题，使读者可在最短的时间内掌握多种应用中不同的算法。

　　特别值得一提的是，本书的作者 Thomas H. Cormen 也是算法设计与分析方面的经典教材《算法导论》的作者之一，译者有幸参与了该书的翻译工作。《算法导论》是一本内容深入的算法设计与分析方面的大部头教材，而本书则可以看作《算法导论》的一个薄薄的入门版本，通过阅读本书，读者可以用最短的时间轻松地窥见算法设计与分析的门径，奠定学习"算法设计与分析"课程的基础。

　　在本书英文版出版以后，译者应机械工业出版社的邀请开始了本书的翻译工作。由于水平有限且时间紧张，译文中一定存在许多不足，在此敬请各位同行、专家、学者和广大读者批评指正，欢迎大家将发现的错误或提出的意见与建议发送到邮箱 wangzh@hit.edu.cn，以改进本书的译本。

　　最后，我要感谢哈尔滨工业大学的孔欣欣同学在翻译过程中进行的辅助翻译工作。在完成译稿之后，我的爱人黎玲利博士阅读全文并提出了很多有益的意见，在此也表示感谢。同时感谢机械工业出版社的姚蕾编辑和朱劼编辑，由于她们的信任和支持，本书的翻译工作才得以顺利进行。

王宏志

计算机是如何解决问题的呢？小小的 GPS 是如何只在几秒内就从无数条可能路径中找出到达目的地的最快捷路径的呢？在网上购物时，又如何防止他人窃取你的信用卡账号呢？解决这些问题，以及大量其他问题的答案均是**算法**。我写本书的目的就是为你打开算法之门，解开算法之谜。

我是《算法导论》的合著者之一。《算法导论》是一本特别好的书（当然，这是我个人的主观评价），但是它确实相当专业。

本书并不是《算法导论》，甚至不能被称为一本教材。它既没有对计算机算法领域进行广度或深度的研究，也没有遵照惯例来讲述设计计算机算法的方法，甚至连一道需要读者自己求解的难题或者练习题也没有。

那么，这是一本什么样的书呢？如果你符合如下条件，那么就可以开始阅读之旅了：

- 你对计算机如何解决问题感兴趣；
- 你想知道如何评估这些解决方案的质量；
- 你想了解计算方面的问题和这些问题的解决方案是如何与非计算机世界关联起来的；
- 你能处理一点数学运算；

● 你没有编写过计算机程序（当然，编写过程序更好）。

一些计算机算法方面的书籍是讲述理论概念的，并涉及非常少的技术细节；一些书籍关注的全是技术细节；而另外一些书籍是介于这两者之间的。每类图书都有自己的定位，我将本书定位于介于两者之间。诚然，本书涉及了一些数学知识，并且部分地方阐述得非常仔细，但是我已经竭力避免深入阐述细节（或许除了本书的末尾部分，我无法克制住自己，阐述了一些细节知识）。

我认为本书有点像开胃菜。设想你去了一家意大利餐厅，点了一份开胃菜，直到吃完开胃菜，你才会决定是否点其余食物。开胃菜到了，你就开始用餐了。或许你不喜欢吃开胃菜，并且决定不点其他菜了。可能你喜欢吃开胃菜，但是吃完它，你就感觉饱了，因此不需要点其他菜了。或者也有可能你喜欢吃开胃菜，但你并没有吃饱，此时你便开始期待其他菜了。将本书看作开胃菜，我希望能够产生后两种结果之一：读完了本书，你就很满足，感觉没有必要再深入探究算法世界了；你非常喜欢从本书中所学到的知识，以至于你想要学习更多算法方面的内容。每一章最后一节的标题为"拓展阅读"，其中会介绍更多关于该章主题的更为深入的书籍和文章。

你将从本书中学到什么

我无法断定你将从本书中学到什么。如下是我希望你能从本书中学到的：

● 什么是计算机算法，能够采用一种方式来描述计算机算法，以及如何评估算法。

● 在计算机中查找信息的简单方式。

● 在计算机中重排信息以使其以一种预定顺序排列的方法。（我们称这一任务为"排序"。）

- 如何解决那些能在计算机中以一种称为"图"的数学结构建模的基本难题。在许多应用中,利用图建模的领域包括:道路网(哪些十字路口到哪些十字路口有直接相连的道路,这些道路有多长),任务间的依赖关系(哪个任务必须在其他任务之前完成),金融关系(世界各国货币间的汇率是多少),或者人与人之间的联系(谁认识谁,谁讨厌谁,哪个演员和哪个演员出现在同一个电影中,等等)。
- 如何解决关于文本字符串的问题。其中一些问题在某些领域有所应用,例如生物学领域,其中字符表示基本的分子,字符串表示 DNA 结构。
- 密码学背后的基本原理。即使你自己从来没有加密过一条信息,你的计算机很可能已经对它执行加密操作了(例如当你在网上购物时)。
- 数据压缩的基本概念,这远远超过了"f u cn rd ths u cn gt a gd jb n gd pay"背后的压缩原理。
- 计算机在任意合理的时间内都难以解决的一些问题,或者至少还没有人想出如何解决的问题。

为了理解本书中的内容,你需要事先了解什么

正如我之前所说的,本书中涉及部分数学知识。如果你害怕数学,那么你可以尝试着跳过它,或者你也可以尝试着阅读涉及更少专业技术知识的书籍。但是我已经尽力做到让数学部分变得容易理解了。

我假定你从来没有写过,甚至从来没有读过一个计算机程序。如果你能看懂提纲的内容,就应该能够理解我是如何表达每一步算法,以及如何将这些步骤合并在一起组合成一个完整的算法的。如果你听到过如下笑话,那么你已经是在通往算法世界了:

你听说过被困在淋浴中的计算机专家吗?当时他在按照洗发瓶上的指示洗头发。指示说明是:"打洗发露。冲洗。重复。"

本书使用了一种自由的写作风格，希望这种比较个性的方法能使本书的内容看起来更容易理解。有些章节依赖于前面章节的内容，但是这种依赖程度很轻。有些章节开始时不涉及专业技术知识，但是会逐步讲述专业技术知识。即使你感觉某一章太难了，这也不会影响下一章内容的学习。你也很可能会从下一章的开始部分受益。

报告错误

如果你在本书中发现了错误，请通过发送邮件至 algorithms-unlocked@mit.edu 来告知我。

致谢

本书中的许多内容都参考了《算法导论》的内容，因此多亏了《算法导论》的合著者——Charles Leiserson、Ron Rivest 以及 Cliff Stein 的帮助。你将发现我自始至终都在频繁地提到（插入）《算法导论》的内容，我们 4 个作者所写的《算法导论》早已众所周知了。在写本书时，我意识到我是多么想念和 Charles、Ron 及 Cliff 的合作。同时我仍然感谢在《算法导论》的前言部分所感谢的那些人。

同时，我也参考了在达特茅斯学院教书时所讲述的课程内容，尤其是计算机科学课程 1、5 和 25。感谢我的学生，通过他们精辟的见解，我看出了当前这种教学方法很好；通过他们无情的沉默眼神，我看出了当前这种教学方式不理想。

本书是在 Ada Brunstein 的建议下撰写的。Ada Brunstein 是 MIT 出版社负责《算法导论》第 3 版的编辑。Ada 现在已经离开 MIT 出版社了，Jim DeWolf 接替了她的位置。刚开始时，本书被指定为 MIT 出版社的"基础知识"丛书的一部分，但是 MIT 出版社认为对于"基础知识"丛书而言，本书过于专业了。（想象一下　我写了　本对于 MIT 而言过于专业的书籍！）Jim 巧妙、灵活地处理了这件事，允许我以自己的方式来写这本书，而不是按照 MIT 出版社初期的规定。同时，我还要感谢 MIT 出版社 Ellen Faran 和 Gita Devi Manaktala 的支持。

Julie Sussman，P. P. A.，是《算法导论》第 2 版和第 3 版的文字编辑，本书还是由她担任文字编辑，对此我感到非常兴奋。她是最好的、最专业的文字编辑。她让我放下所有顾虑。为了证明她的优秀，请看 Julie 关于我的第 5 章初稿所回复的一份电子邮件：

亲爱的 Cormen 先生，

当局已经抓获了一章逃逸的内容，发现它隐藏在您的书中。我们无法确定它是从哪本书中逃离的，但是我们无法想象这几个月中在您都不知晓的情况下，它是如何一直藏匿在您的书中的，因此我们只能认为您应对此负责。我们希望您能承担起修改这一章的任务，给它一个机会，让它成为书中的一个有用的公民。来自一个逮捕该章的警官的报告，Julie Sussman，附上。

你可能很好奇"P. P. A."代表什么，事实上前两个字母代表"Professional Pain"，很可能你已经猜想到了"A"代表什么，但是我想要指出 Julie 的确以这个头衔自豪。因此非常非常感谢 Julie！

我并不是一个密码破译者，关于密码学原理的那一章极大地归功于 Ron Rivest、Sean Smith、Rachel Miller 以及 Huijia Rachel Lin 的帮助。那一章中有一个关于棒球手势的脚注说明，这要感谢达特茅斯学院的棒球教练 Bob Whalen，是他耐心地向我解释了棒球手势体系中的一些手势。Ilana Arbisser 核实了计算生物学家对齐 DNA 序列的方式与第 7 章所介绍的方式一致。Jim DeWolf 和我仔细思考了本书的书名，但是"Algorithms Unlocked"这一书名最终是由达特茅斯学院的一个本科生 Chander Ramesh 提出的。

达特茅斯学院计算机科学系是一个很好的工作去向。我的同事个个才华横溢，我们的专职人员也都是首屈一指的。如果你希望编写一个本科生或者研究生级别的计算机科学程序，或者如果你在寻找一个计算机科学专业的教授职位，建议你申请达特茅斯学院。

最后，感谢我的妻子 Nicole Cormen、我的父母 Renee 和 Perry Cormen、我的姊妹 Jane Maslin 以及 Nicole 的父母 Colette 和 Paul Sage，感谢他们对我的爱和支持。我的父亲确信在 1.1 节中的图形是 5，而不是 S。

Thomas H. Cormen
于新罕布什尔州汉诺威

目　录
Algorithms Unlocked

什么是算法以及为什么应该关注算法

让我们从我经常被问到的一个问题开始："什么是算法?"[⊖]

一个常见的回答是，"完成一个任务所需的一系列步骤。"在日常生活中经常会碰到算法。刷牙的时候会执行一个算法：打开牙膏盖，拿出牙刷，持续执行挤牙膏操作直到足量的牙膏涂在你的牙刷上，盖上牙膏盖，将牙刷放到嘴的 1/4 处，上下移动牙刷 N 秒，等等。如果你必须乘通勤车去工作，乘通勤车也是一个算法。诸如此类。

但是本书是关于运行在计算机上的算法的，或者更概括地来讲，是关于运行在计算设备上的算法的。正如你日常所运行的算法会影响你每天的生活一样，在计算机上运行的算法也会影响你的生活。你使用过 GPS 来寻找旅行路线吗？它运行一种称为"最短路径"的算法以寻求路线。你在网

⊖ 或者，正如一个我曾经一起打曲棍球的同伴问我的问题，"什么是 nalgorithm?"

上购买商品吗？那么你会使用（应该正在使用）一个运行加密算法的安全网站。当你在网上购买商品时，它们是由一个私营快递公司发货的吗？它使用算法将包裹分配给不同的卡车，然后确定每个司机发件的顺序。算法运行在各种设备上——在你的笔记本上，服务器上，智能手机上，嵌入式系统上（例如你的车中，你的微波炉中，或者气候控制系统中）——无处不在！

运行在计算机上的算法和你在日常生活中执行的算法有什么区别呢？当粗略地描述一个算法时，你可能能够容忍它的非精确性，但是计算机不能。例如，如果你开车上班，你的 drive-to-work 算法可能会说"如果交通不畅，可以选择其他路线"。虽然你可能知道"交通不畅"是什么意思，但是计算机不知道。

因此，一个计算机算法是完成一个任务所需的一系列步骤，且这些步骤需要足够精确地描述，以使得计算机能够运行它。如果你已经用 Java、C、C++、Python、Fortran、Matlab 或者类似的编程语言编写过哪怕一丁点的计算机程序，那么你会对精确度标准的含义有一些概念。如果你从来没有编写过计算机程序，那么当你看了本书中如何描述算法后，可能你会对精确度有一点概念。

我们思考下一个问题："我们想从一个计算机算法中获取什么？"

计算机算法解决计算问题。我们希望从一个计算机算法中获取两个结果：给定一个问题输入，它应该总能够产生该问题的正确输出结果，并且在运行该算法时，应该能够有效地利用计算资源。让我们依次看看这两个必要条件。

1.1 正确性

产生问题的一个正确解决方案意味着什么呢？我们通常会精确地定义

一个正确的解决方案涉及的内容。例如，为了寻找出最佳旅行路线，你的 GPS 会产生一个正确的解决方案。该方案可能是从你所在位置到目的地的所有可能路线中最快的路线，也可能是具有最短距离的路线，或者是能使你最快到达目的地同时也能免交过路费的路线。当然，你的 GPS 确定路线时所使用的信息可能不完全匹配实际情况。除非你的 GPS 能够获取实时路况信息，否则它可能假定穿过一条道路的时间等于道路的长度除以道路的限定时速。然而，如果道路拥挤，当你在寻找一条最快路线时，GPS 可能不能给你提供好的建议。然而，即使算法的输入是不正确的，我们仍然可以说 GPS 所提供的路线选择算法是正确的，即对于给定的输入，该路线选择算法输出最快的路线。

然而，对于某些问题，可能难以判定甚至不可能判定一个算法是否产生了正确的输出。以光学字符识别为例。这个 11×6 像素的图像表示 5 还是 S 呢？

一些人可能会说它是 5，而其他人可能说它是 S，因此我们也不能判定计算机的输出是否正确。在本书中，我们将只关注有确定解的计算机算法。

然而，有些时候，我们可以接受可能会产生错误解的算法，只要产生错误解的频率可以被控制。加密算法就是一个范例。最常用的 RSA 加密系统依赖于确定大数是否为素数，这里的大数指相当大的数，如数百位那么长。如果你曾经写过一个计算机程序，你可能能够写出一个判定数 n 是否是素数的程序。它将测试从 2 到 $n-1$ 的所有候选除数，如果这些候选除数中有一个除数确实能被 n 整除，那么 n 是合数。如果 2 和 $n-1$ 之间的任何数均不能被 n 整除，那么 n 是素数。但是如果 n 是数百位长的数，那就会产生大量的候选除数，即使是一个运行相当快的计算机进行相应的检查操作也会超过合理的运行时间。当然，可以进行一些优化操作，例如当检测出 2 不是 n 的除数后，在候选除数中可以去除所有的偶数，或者循环到候选除数等于 $\sqrt{n}$ 时终止（由于若 $d > \sqrt{n}$，且 $n \bmod d = 0$，那么 $\frac{n}{d} < \sqrt{n}$，$n \bmod (n/d) = 0$；这说明若 n 能整除一个大于 $\sqrt{n}$ 的数，则 n 也必定能够整除一个小于 $\sqrt{n}$ 的数）。如果 n 是一个数百位的数，则尽管 $\sqrt{n}$ 的位数是数百位的一半，但是它仍然是一个非常大的数。好消息是，我们知道一个可以高效测试一个数是否是素数的算法。坏消息是，该算法可能会得出错误的结论。特别是，当该算法得出 n 是合数时，则 n 一定是一个合数，但是若该算法得出 n 是一个素数，n 实际上也可能是一个合数。但是坏消息也不全不好，我们可以对其加以控制，使得错误率降到足够低，例如每执行 2^{50} 次才会出现一次错误。那是相当罕见的了——大约每千万亿次才出现一次错误——在 RSA 中应用这个方法来判定一个数是否是素数对于大多数人而言是安全的。

对于另一类算法——近似算法，正确性也是一个需要着重考量的问题。近似算法适合于优化问题，即根据一些量化测度来寻找最优解的问题。例如 GPS 中寻找最快路径问题就是一个优化问题，它的量化测度是旅程中花费的时间。对某些问题，我们找不到任何可以在合理的时间内求解出最优解的算法，但是我们能够找到一个近似算法，它可以在合理的时间内求解得出一个近似的最优解。"近似最优"就是近似算法输出的解的量化测度值介于最优解的量化测度值的一个已知因子之内。只要指定了目标因子，我们就可以说一个近似算法的正确解是任意一个量化测度值在最优解目标因子之内的解决方案。

1.2　资源利用

什么样的算法才能称为高效使用计算资源的算法呢？我们在讨论近似算法时提及了一个衡量效率的标准：时间。一个能给出正确输出但是会花

费很长时间才能得出结果的算法可能是没有价值的。如果你的 GPS 需要一
个小时才能计算出推荐的驾驶路线，你还会愿意打开 GPS 吗？诚然，一旦
我们知道某算法能给出一个正确输出，时间便是我们用来衡量算法效率的
主要方式。但是时间不是唯一的衡量标准。由于一个计算机算法必须能够
在可用的内存空间上运行，因此我们可能还需要考虑该算法需要占用多大
的计算机内存空间（它的"内存占用量"）。算法可能需要占用的其他资源
还包括：网络通信、随机比特（由于随机算法需要产生随机数的资源）和
磁盘操作（针对需要处理存储在磁盘上的数据的算法）。

　　类似大多数算法书，本书中我们将着重研究一个资源——时间。我们如
何判定算法所需的时间呢？与正确性不同，正确性与运行该算法的特定计算
机无关，而算法的实际运行时间还与算法本身之外的几个因素有关：计算机
的速度、实现算法的编程语言、将源程序转换成计算机能执行的目标代码的
编译器或者解释器、程序员的程序编写技术，以及与正运行的程序并行执行
的其他进程。现假定算法运行在一个数据均存储在内存中的计算机上。

　　为了衡量一个算法的速度，如果我们通过在特定计算机上编写一个具
体的程序，并用一个给定的输入来测试算法所需要的时间，则我们不会了
解对于不同大小的输入，甚至对同样大小的不同输入，算法的运行速度会
有多快。如果我们还要比较针对同一问题的两个不同算法的相对运行速度，
则我们必须实现这两种算法，并在各种不同规模的输入下对它们进行对比
测试。因此，我们应该如何来评估一个算法的速度呢？

4

　　上述问题的答案需要综合以下两点。首先，我们要确定算法的输入规
模。例如在路径-寻找的例子中，输入可能是路线图中的某种表示，输入的
规模依赖于交叉点的数目和连接交叉点的道路数目。（由于我们将所有的距
离均以数字表示，数字对于计算机输入占用同样大小的空间，因此道路的
实际尺寸和实际长度对输入规模均没有影响。）举一个更简单的例子，搜索
某一个特定项是否出现在一个给定列表中，此问题的输入规模是列表中项
的数目。

其次，我们考虑随着输入规模的增加，表示算法运行时间的函数会如何增长——运行时间的增长速率。在第 2 章中，我们将看到用来描述算法运行时间的符号，但最有趣的是，我们仅仅关注影响算法运行时间的主项，而不关心系数。也就是说，我们关注运行时间的**增长量级**。例如，假设我们能确定搜索一个具有 n 项的表的算法需要花费 $50n+125$ 个机器周期。其中，当 $n \geq 3$ 时，$50n$ 相对于 125 对算法有更大的影响。且随着 n 变得更大，$50n$ 相对于 125 对算法的影响就更加明显。因此，当我们描述这个算法的运行时间时，我们不用考虑低阶项 125。可能令你更惊讶的还有我们舍弃了系数 50，因此我们将运行时间表示为相对于输入规模 n 的线性函数。再举一例，如果一个算法需要 $20 n^3+100 n^2+300n+200$ 个机器周期，我们将称该算法的运行时间随着 n^3 数量级增长。同理，低阶项——$100 n^2$、$300n$ 和 200——随着输入规模 n 的增加，变得越来越不显著。

实际上，我们忽视的系数的确会有影响。但算法本身如此依赖外在因素以至于完全可能出现这样的情况：如果我们要比较算法 A 和算法 B 的运行时间，且它们有相同的增长量级，并且具有相同的输入，那么在机器、编程语言、编译器/解释器和程序员的某一特定组合下，A 的运行速度可能快于 B，而在另一个组合下时，B 的运行速度可能快于 A。当然，如果算法 A 和 B 都能产生正确的输出，且 A 的运行速度始终是 B 的两倍，那么在相同的条件下，我们总会更倾向于选择算法 A 而不是算法 B。然而，从抽象角度比较算法时，我们只关注算法的增长顺序，而会忽视主项的系数或者低阶项。

本章中我们要问的最后一个问题是："为什么我要关注计算机算法？"该问题的答案取决于你是什么样的人。

1.3　针对非计算机专业人士的计算机算法

即使你并非一个计算机内行，计算机算法也会跟你密切相关。除非你在进行不需要 GPS 的荒野探险，否则你每天都在使用算法。今天你上网了吗？你所使用的搜索引擎——无论是 Google、Bing，或者其他任何的搜索引擎——都要采用复杂的算法来搜索网页并确定以何种次序呈现结果。今天你开车了吗？除非你驾驶的是老式汽车，否则车上的计算机会在你的旅程中根据算法做出无数个决策。我能继续举出更多例子。

身为一个使用算法的人士，你可以催促自己逐渐学习如何设计、如何表示和评估算法。我想你对算法有一点兴趣，因为你已经拿起这本书并展开了阅读。这本书会令你受益匪浅！让我们看看能否让你提升一个高度，使得你在参加下次的鸡尾酒宴会并涉及算法这一主题时，你能尽情施展才华。[⊖]

1.4 针对计算机专业人士的计算机算法

如果你是一个计算机专业人士，那么你最好关注计算机算法！不仅仅是因为算法是计算机的核心，而且算法就像计算机的其他技术一样。你可以为了买一个最新、最好的处理器而花大价钱，但是你更需要在其上运行好的算法以使你的钱花得值。

6

这里有一个例子来说明算法确实是一门技术。在第 3 章中，我们将会看到几个将 n 个元素按升序排列的算法。其中一些算法的运行时间增长量级是 n^2，而另一些算法的运行时间增长量级仅仅为 $n\lg n$。什么是 $\lg n$ 呢？它是 n 的以 2 为底的对数，或记为 $\log_2 n$。计算机科学家如此频繁地使用以 2 为底的对数，以至于就像数学家和科学家使用缩写 $\ln n$ 来表示自然对数 $\log_e n$ 一样，计算机科学家也将以 2 为底的对数表示成缩写形式。因为函数 $\lg n$ 是指数函数的逆，所以它随着 n 的变化会相当地缓慢增长。如果 $n = 2^x$，那么

⊖ 是的，我明白，除非你住在硅谷，否则在鸡尾酒宴会上是很少会涉及算法主题的，但是基于某种原因，我们这些计算机科学的教授认为学生了解算法知识还是很重要的，我们的学生不能因缺乏计算机科学这一特定领域的知识而在鸡尾酒宴会上尴尬。

$x = \lg n$。例如，$2^{10} = 1024$，因此 $\lg 1024$ 仅仅是 10；同样地，$2^{20} = 1\,048\,576$，因此 $\lg 1\,048\,576$ 仅仅等于 20；且 $2^{30} = 1\,073\,741\,824$ 意味着 $\lg 1\,073\,741\,824$ 仅仅等于 30。因此 $n \lg n$ 相对于 n^2，它是将因子 n 换成了 $\lg n$，这是一种非常方便的表示方式。

让我们将这个例子具体化。假设我们选择在一个较快的计算机（计算机 A）上执行一个运行时间为 n^2 的排序算法，而在一个运行速度较慢的计算机上（计算机 B）上执行一个运行时间为 $n \lg n$ 的排序算法，并让它们均对一个包含着 1000 万个数字的数组进行排序。（尽管 1000 万个数看起来很多，如果这些数字是 8 字节整数，那么输入大约会占用 80 兆字节，对于一个低廉的笔记本电脑而言，这能够适配主存。）假设计算机 A 每秒执行 100 亿条指令（比本书写至此时任何计算机的执行速度更快），而计算机 B 每秒仅仅能执行 1000 万条指令，因此计算机 A 在计算机性能上比计算机 B 快 1000 倍。为了使得这个差异更明显，假定世界上具有最精湛技术的程序员为计算机 A 使用机器语言进行编码，并且结果的代码会需要 $2\,n^2$ 条指令来实现对 n 个数字的排序，而对计算机 B 进行编码的仅仅是一个普通程序员，他会使用一个带有低效编译器的高级语言，使得最终编码需要 $50 n \lg n$ 条指令。为了对 1000 万个数进行排序，计算机 A 需要花费的时间为：

$$\frac{2 \times (10^7)^2 \text{ 条指令}}{10^{10} \text{ 条指令 / 秒}} = 20\,000 \text{ 秒}$$

7　这超过了 5.5 个小时，而计算机 B 会花费：

$$\frac{50 \times 10^7 \lg 10^7 \text{ 条指令}}{10^7 \text{ 条指令 / 秒}} \approx 1\,163 \text{ 秒}$$

该时间不到 20 分钟。通过使用一个运行时间增长较慢的算法，即使是使用一个较次的编译器，计算机 B 的运行速度也会比计算机 A 的运行速度快 17 倍！当我们对 1 亿个数字进行排序时，运行时间为 $n \lg n$ 的算法的优点会更加显著：运行在计算机 A 上的时间复杂度为 n^2 的排序算法所花费的时间会超过 23 天，而运行在计算机 B 上的时间复杂度为 $n\lg n$ 的这个算法所耗费的时间会在 4 个小时以下。一般而言，当问题规模增加时，时间复杂度为 $n\lg n$ 的算法的相对优势也会更加明显。

即使我们看到了计算机硬件方面的不断改进和发展，但是整个系统的性能不仅仅依靠选择运行较快的硬件或者高效的操作系统，选择高效的算法对提升系统的性能也同样重要。就像在其他计算机技术上所做出的重要改进一样，在计算机算法上也在进行着相应的改进。

1.5 拓展阅读

我主观地认为，描述计算机算法最清楚、最有用的书籍是由四个精力充沛的美男子写的《算法导论》（*Introduction to Algorithms*）[CLRS09]。该书通常被称为"CLRS"，即四位作者名字的首字母。我在本书中多次引用《算法导论》中的内容。《算法导论》远比本书完整、详细，但是它假定你至少编写过一点计算机程序，并且懂得大量数学知识。如果你发现你能轻松地理解本书的数学知识，并且已经做好了深入研究这一主题的准备，那么《算法导论》是你的最佳选择。（当然，这只是我个人拙见。）

John MacCormick 的《改变未来的九大算法》（*Nine Algorithms That Changed the Future*）[Mac12] 描述了几种算法和影响我们日常生活的相关计算知识。MacCormick 的《改变未来的九大算法》相对于本书涵盖了更少的技术。如果你发现这本书的写作方式过于偏向数学，那我建议你尝试阅读 MacCormick 的那本书。即使你的数学背景很薄弱，你应该也能理解那本书的大多数理论。

万一你认为《算法导论》太浅，你可以尝试读一下 Donald Knuth 的《计算机程序设计艺术》（*The Art Of Computer Programming*，TAOCP）[Knu97, Knu98a, Knu98b, Knu11]。虽然从书名来看它主要研究编码细节，但是该书包含了非常精彩的、深入的算法分析。但是，要注意，该书的内容是非常深奥的。顺便说一下，如果你很好奇"algorithm"这个单词的由来，Knuth 会告诉你，它来源于 9 世纪一个波斯数学家阿尔·花拉子米（al-Khowârizmî）的名字。

除了《算法导论》之外，还有许多已经出版或发表多年的计算机算法方面的优秀文献。《算法导论》的第 1 章列出了许多这样的参考文献。与其复制那个列表，不如你自己看看《算法导论》。

9

如何描述和评估计算机算法

上一章中，你已经了解了如何表示计算机算法的运行时间：将运行时间表示为一个关于输入规模的函数，并重点研究了运行时间的增长数量级。本章将稍微回顾一下如何描述计算机算法。随后我们将看到用来表示算法运行时间的符号。本章的总结部分将对用于设计和理解算法的相关技术进行说明。

2.1 如何描述计算机算法

将计算机算法描述成一个可执行程序可以有多种选择，例如使用通用的编程语言表示，像 Java、C、C++、Python 或 Fortran。诚然，许多教科书上的算法都是这么表示的。但是使用实际的编程语言来表示算法所带来的问题是你可能会在语言细节上越陷越深，而对算法本身的认识反而模糊不清。另一种表示算法的方式是"伪代码"，就像我们在《算法导论》中使用的一样，它听起来像是多种编程语言和英语的混合表示。如果你曾用一种实际的编程语言编写过程序，那么你就能很容易地搞清楚伪代码。但是如果你从来没有编写过程序，那么对你而言，伪代码可能是带些神秘感的。

本书中我所采取的描述算法的方式并不是将算法描述在硬件或者软件上，而是描述在"湿件"上，即类似耳朵间的灰质。我也假定你从来没有编写过一个计算机程序，所以我不会使用任何实际的编程语言或者是伪代码来表示算法。反之，我将用通用的文字来描述算法，尽可能地使用现实世界中的情境来模拟算法。为了表示发生的事（编程中我们称之为"控制流"），我将使用列表和嵌套列表方式表示。如果你想在一个实际的编程语言中实现算法，并能将我的描述转化为可执行代码，我将为此给你加分。

虽然我会尽可能地以一种通用的、非技术的方式描述算法，但是本书本身是关于计算机算法的，所以必定会涉及计算技术。例如，计算机程序包含**程序**（procedures，也称为实际编程语言中的函数或方法），它用来指定如何执行步骤。为了真正实现假定要执行的程序，我们**调用**它。当调用一个程序时，我们需要提供输入（通常一个程序至少包含一个输入，但是有些程序不需任何输入）。这些输入被称为**参数**，位于程序名之后的括号内。例如，为了求一个数的平方根，可以定义一个程序为 SQUARE-ROOT(x)；这里，程序的输入是参数 x。任何被调用程序可能会产生输出，也可能不会产生输出，这取决于如何指定程序。如果程序产生输出，通常我们认为输出是返回给调用者的。计算术语中称作程序**返回**了一个值。

许多程序和算法都对数组进行操作。**数组**是将类型相同的数据聚集成一个实体。你可以把数组看作一个表格，给定表格中一个**条目**的**索引**，我们就可以访问该索引所指数组中的**元素**。例如，以下是一个由美国前 5 位总统组成的表格。

索引	总统
1	George Washington
2	John Adams
3	Thomas Jefferson
4	James Madison
5	James Monroe

例如，表中索引为 4 的元素是 James Madison。我们并不将该表看作是 5 个独立的实体，而是将它们看作是由 5 个条目所组成的一个表。数组和表类似。数组中的索引是可从任意值开始的连续数字，但是我们通常将索引设为从 1 开始。$^{\ominus}$ 给定数组名和索引，我们用方括号将它们组合起来以表示一个特定的数组元素。例如，我们将数组 A 的第 i 个元素表示为 $A[i]$。

11

数组还有另外一个重要的特性：访问数组中的任意元素均会花费同样长的时间。一旦你指定数组中的一个索引 i，那么计算机能像访问第一个元素那样，以同样时间迅速地获取第 i 个元素，即速度与 i 值无关。

让我们看看我们的第一个算法：在数组中查找一个特定的值。也就是说，给定一个数组，我们想知道数组中哪个条目或者哪些条目等于给定的值。为了观察在数组进行查找操作的过程，我们将数组看作是一个装满书的长长的书架，并且假定你想知道书架上哪个位置可以找到一本由 Jonathan Swift 写的书。现在，书架上的书可以以某种方式陈列，可以按作者名的字母顺序排序，也可以按书名的字母顺序排序，或者像图书馆中按图书的书号顺序陈列。这个书架也可以像我自家的书架一样，并没有按照任何特定的方式陈列着。

如果假定书架上的书并没有以某种特定顺序陈列，那么你如何查找到由 Jonathan Swift 写的书呢？这便是我要讲解的算法。我将从书架的最左侧

$\ominus$　如果你用 Java、C 或者 C++ 编程，那么你会习惯于令数组索引从 0 开始。对于计算机而言，令数组索引从 0 开始是很好的，但是对于湿件（硬件、软件以外的"件"，即人脑）而言，通常直觉上习惯从 1 开始。

开始查找，并查看这本书是否是 Swift 写的。如果它是 Swift 写的书，那么我便找到了这本书。如果它不是 Swift 写的书，那么我将继续向右查找，依次向右查看当前的书是否是 Swift 写的，一直到找到 Swift 写的书或者已经查找到了书架的最右侧，在查找到书架的最右侧这种情况下，我就可以断定书架上没有 Jonathan Swift 写的任何书。（在第 3 章中，我们将看到当书架上的书按某种顺序陈列时，我们是如何进行查找的。）

下面将该查找问题描述为一个计算问题。我们将书架上的书看作是以书为元素的数组。最左侧的书位于位置 1 处，该书右侧的书位于位置 2 处，以此类推，如果书架上有 n 本书，那么最右侧的书就位于位置 n 处。我们想要查找由 Jonathan Swift 所写的任意一本书在书架上所处的位置。

作为一个泛化的计算问题，即给定一个具有 n 个元素（每本书）的数组 A（要查找装满书的整个书架），我们想要查找数组 A 中是否存在一个值 x（一本由 Jonathan Swift 所写的书）。如果存在，那么我们想要确定满足 $A[i]=x$（一本由 Jonathan Swift 所写的书在书架上的位置 i）的索引 i 的值。同时，我们也需要一些方法来表明数组 A 中不存在 x（书架上不包含由 Jonathan Swift 所写的书）。我们并不假定 x 在数组中最多出现一次（可能你某些书有多本），因此如果数组 A 中存在 x，x 可能会出现多次。我们想要从一个查找算法中得到的是数组中能够得到元素 x 的任意一个索引值。我们将假定该数组中索引从 1 开始，因此它的元素是从 $A[1]$ 到 $A[n]$。

如果查找由 Jonathan Swift 所写的书是从最左侧开始查找，依次向右检查当前书是否是由 Jonathan Swift 所写，该方法被称为**线性查找**。计算机中的线性查找等价于：从数组的开始端开始查找，依次检查每个数组元素（$A[1]$，$A[2]$，$A[3]$ …$A[n]$），若找到 x，则记录下 x 所在的位置。

下面这个线性查找程序（LINEAR-SEARCH）以 3 个参数作为输入，各参数之间以逗号隔开（规范表示）。

程序　LINEAR-SEARCH(A，n，x)

输入：

● A：一个数组。

● n：要查找的数组 A 中的元素个数。

● x：要查找的值。

输出：要么是满足 $A[i]=x$ 的索引 i，要么是一个特殊值 NOT-FOUND（可取相对于数组 A 的任何无效索引值，例如 0 或任意负整数）。

1. 将 $answer$ 赋值为 NOT-FOUND。

2. 对每个索引值 i，按顺序从 1 取到 n：

　　A. 如果 $A[i]=x$，那么将 $answer$ 赋值为 i。

3. 返回 $answer$ 的值作为输出。

除了参数 A、n 和 x 之外，LINEAR-SEARCH 程序还使用一个称为 $answer$ 的**变量**。这个程序在第 1 步将 $answer$ 赋值为 NOT-FOUND。第 2 步逐步检查 $A[1]$ 到 $A[n]$ 项并判断该项是否等于值 x。当 $A[i]$ 等于 x 时，第 2A 步将 $answer$ 赋值为当前的 i 值。如果数组中包含 x，那么第 3 步会返回输出值，即最后一次出现 x 的索引位置。如果数组中不包含 x，那么第 2A 步的等式始终不成立，那么最后返回的输出值是 NOT-FOUND，即第 1 步中 $answer$ 被赋予的值。

在继续讨论线性查找之前，需说明一个词，即如何指定重复操作，例如程序的第 2 步。这种对一个变量在一定范围内取各种值的操作在算法中非常常见。当我们执行重复操作时，我们称它为一个**循环**，并且我们将每次循环操作称为循环的一次**迭代**。对于第 2 步的循环，我写道"For each index i，going from 1 to n，in order"（对每个索引值 i，按顺序从 1 取到 n）。取而代之，之后我将简写为"For $i=$ 1 to n"，该语句与上一句表示相同的意思。请注意，当我以这种方式写循环时，我们必须给**循环变量**（这

里指 i）指定一个初始值（这里是 1），并且在循环的每次迭代过程中，我们必须判断循环变量的值是否超界（这里界是 n）。如果当前循环变量的值小于或等于这个界，那么我们就执行循环**主体**（这里指第 2A 步）。当执行完循环主体的一次迭代后，我们就**增加**循环变量的值——将循环变量的值自增 1——再返回循环条件判断那步，此时将更新的循环变量和界进行比较，再次执行循环体，并增加循环变量的值，直到循环变量超界为止。之后执行操作转到紧接着循环体的那步（这里指第 3 步）。形为"For $i=1$ to n"的循环执行 n 次迭代和 $n+1$ 次判断是否越界的操作（因为循环变量在第 $n+1$ 次测试比较时越界）。

希望你能很清楚地发现 LINEAR-SEARCH 程序总能返回一个正确的结果。然而，你可能也注意到，这个程序不够高效：即使它已经找到了一个令 $A[i]=x$ 成立的索引 i，它还会继续在数组中查找 x。通常情况下，一旦你在书架上找到了你要找的书，你就不会再继续再找那本书了。因此，我们可以设计出另外一个线性查找程序（BETTER-LINEAR-SEARCH），使得一旦在数组中找到 x，它便会停止查找。我们假定当我们说返回一个值时，程序会立即将该值返回给起控制作用的调用者。

> **程序** BETTER-LINEAR-SEARCH (A, n, x)
>
> **输入、输出**：与 LINEAR-SEARCH 的输入、输出相同。
>
> 1. 令索引 i 初始值为 1，按序依次被赋值为 1 到 n：
>
>   A. 如果 $A[i]=x$，那么返回当前的 i 值作为输出。
>
> 2. 返回 NOT-FOUND 作为输出。

信不信由你，我们能设计出更高效的线性查找算法。观察一下，BETTER-LINEAR-SEARCH 程序每进行第 1 步的循环时，会做出两个测试：一个测试是在第 1 步，用来测试 $i \leqslant n$ 是否成立（如果成立，执行循环的又一次迭代）；另一个测试是第 1A 步的"是否相等"的判断。类似在书架上查找书这个例子，这两个测试相当于你必须对每本书做两个判断操作：你现在查

找到书架的末端了吗？如果没有，下本书是不是 Jonathan Swift 写的呢？当
然，如果你查找时越过了书架的末端，也不会造成巨大的损失（除非在你
查找过程中，你的脸离书太近，以至于当你到达在书架的末端时，你的脸
会撞到书架末端的墙上），但是在计算机程序中，当你试图访问越过数组末
尾的元素时，结果通常是糟糕的。你的程序可能会崩溃，也可能会损坏
数据。

如果你不确定书架上是否包含 Jonathan Swift 所写的书，为了避免访问
越界，你须对每本书执行一次检查操作。要是你确定书架上包含 Jonathan
Swift 的书又如何呢？那么你就可以放心地查找它了，而且你从不必担心会
检查到超过书架末端书的位置。你仅仅需要依次检查当前这本书是否是
Swift 写的即可。

但是有可能你将 Jonathan Swift 所写的书都借出去了或者也有可能你以
为你的书架上有 Jonathan Swift 写的书，但是实际上并没有，所以你并不能
确定你的书架上是否包含 Jonathan Swift 写的书。这时你可以将最右边的书
替换成一个跟书大小一样的空盒子且在它的窄边（即书脊位置）写上
"*Gulliver's Travels* by Jonathan Swift"。那么，当你沿着书架从左向右查
找书时，你仅仅需检查当前这本书是否是 Jonathan Swift 写的。你不需要再
检查你是否越了书架的最右侧，因为你知道你一定会找到 Jonathan Swift
所写的书。唯一的问题是你是否真的找到了 Swift 所写的书，还是你找到了
那个被标记为 Jonathan Swift 所写的空盒子？如果你找到了空盒子，那么你
并不是真的有一本由 Swift 所写的书。那么，你需要做的事情很简单，你仅
仅需在查找的最后再添加一次对最右边那本书的检查操作，而不必添加对
书架上的每本书均再检查一遍的操作。

这里还有一个细节必须注意：要是书架上仅有的一本由 Jonathan Swift
所写的书就是放在书架最右端呢？如果你将这本书替换成了空盒子，那么
你的查找会终止于空盒子，你可能得出你没有 Jonathan Swift 所写的书的结
论。所以你必须针对这种可能性再进行一次检查操作，但这也仅仅是对一

本书进行一次检查，而不是对书架上的每本书均进行一次检查。

转化为计算机算法，即是先将最后一个位置的元素 $A[n]$ 的内容保存到 一个变量中，再将要查找的值 x 赋值给 $A[n]$。一旦找到了 x，就可以验证 我们是否真正找到了 x。其中，x 被称作**信号量**，你也可以将它看成空 盒子。

> **程序** SENTINEL-LINEAR-SEARCH(A, n, x)
>
> **输入、输出**：与 LINEAR-SEARCH 的输入、输出相同。
>
> 1. 将 $A[n]$ 的值保存到 $last$ 中，令 $A[n]$ 取 x。
> 2. 将 i 赋值为 1。
> 3. 只要 $A[i] \neq x$，执行如下操作：
>
>   A. 将 i 自增 1。
> 4. $A[n]$ 重新被赋值为 $last$。
> 5. 如果 $i < n$ 或者 $A[n] = x$，那么返回 i 的值作为输出。
> 6. 否则，返回 NOT-FOUND 作为输出。

第 3 步是一个循环，但是循环变量实际取的值并非循环变量可取范围内 的所有值。反之，只有当循环条件成立时，循环迭代才会执行；这里，循 环条件是 $A[i] \neq x$。执行这个循环相当于首先执行判断（这里指代 $A[i] \neq x$），之后如果条件成立，那么才能执行循环体的内容（这里，指第 3A 步，即 i 值自增 1）。然后返回到再次执行循环条件判断部分，即第 3 步， 如果条件成立，则执行循环体。循环迭代中，首先测试条件是否成立，然 后执行循环体，直到条件不成立时结束循环。然后执行紧接循环体的步骤 （这里指第 4 步）。

SENTINEL-LINEAR-SEARCH 程序相对于前两个查找程序而言略显 复杂。因为它首先在第 1 步中将 x 赋值给 $A[n]$，这样我们确保了当执行到 $i = n$ 时，必有 $A[i]$ 等于 x 成立（第 3 步）。一旦 $A[i] = x$ 成立，那么第 3 步的循环必定可以结束，且随后索引 i 的值不会再改变。在继续执行其他操作前，第 4 步又将 $A[n]$ 的原始初值重新赋给了 $A[n]$。（正如妈妈教导我的，玩耍完后，要将所有物品物归原位。）随后我们需要判定是否在数组中真的找到了 x。由于第 1 步，$A[n]$ 被赋为 x，可以得知如果我们发现 $A[i]=x$ 且 $i<n$，那么我们确实真的找到了 x 并且可返回索引 i。如果我们发现 $A[n]$ 中存放的是 x 呢？那就意味着我们在 $A[n]$ 之前的元素中并没有找到 x，所以我们需要判定 $A[n]$ 是否真的等于 x。如果 $A[n]$ 的真值确实等于 x，那么我们要返回索引 n，此时 n 也等于当前的 i，故返回当前的 i 即可。若 $A[n]$ 的真值不是 x，那么返回 NOT-FOUND。第 5 步进行了相关的判断操作并且如果数组中存在 x，那么第 5 步会返回正确的索引值。如果数组中包含 x 仅仅是因为在第 1 步中将 x 赋值给 $A[n]$，那么就会执行第 6 步，即返回 NOT-FOUND。尽管 SENTINEL-LINEAR-SEARCH 在循环结束后必须执行两个测试，但是它在每次循环迭代中仅仅会执行一个条件判别，因此相对于 LINEAR-SEARCH 和 BETTER-LINEAR-SEARCH，SENTINEL-LINEAR-SEARCH 的效率更高。

2.2　如何描述运行时间

让我们回顾一下 LINEAR-SEARCH 程序并计算它的运行时间。回顾第 1 章的知识可得，运行时间可以表示成一个关于输入规模的函数。这里，输入是一个包含 n 个元素的数组 A，元素数目 n，及要查找的值 x。随着数组中元素规模的增加，n 本身的大小和 x 的值对运行时间影响不大——毕竟，n 仅仅是一个简单的整数且 x 仅仅可能与数组的 n 个元素中的某个元素值一样大——因此，这里所提到的输入规模 n 指的是数组 A 中元素的数目。

为了表示完成一项任务所花的时间，我们必须做一些简单的假设。我们将假定每步单独的操作——无论它是一个算术运算（例如加、减、乘、除）、比较、变量赋值、给数组标记索引操作，或者是程序调用、从程序中返回结果操作——均会花掉不依赖于输入规模的固定时间。[⊖]操作不同，各个操作所花费的时间可能也不同，例如除法操作可能比加法操作会花更长的时间。但是当一个步骤仅仅是由多个简单操作叠加而成时，该步骤会花费常量时间。由于各个步骤中所执行的操作所花费的时间不同，且根据第 1 章中所列举出的各种外在因素的影响可以得出执行不同步骤所花费的时间也是不一样的。现我们约定执行第 i 步所需花费的时间为 t_i，其中 t_i 是不依赖于输入规模 n 的常量。

当然，我们必须将某一步骤会执行多次考虑在内。第 1 步和第 3 步仅仅执行一次，但是第 2 步呢？我们必须对 i 和 n 的值比较 $n+1$ 次：即判断 $i \leqslant n$ 是否成立 n 次，并且一旦 i 等于 $n+1$，我们立即跳出循环。第 2A 步执行 n 次，当 i 从 1 到 n 变化时，对于每个 i 值，我们执行一次循环体。我们并不能预知我们有多少次将 i 的值赋给了 $answer$；这个次数可能是从 0 次（如果 x 并未出现在数组中时）到 n 次（如果数组中的每个值均等于 x）的任意一种可能。如果我们要精确地计算执行次数——但是通常我们不会进行那么精确的计算——我们应该认识到第 2 步会执行两个具有不同循环次数的操作：测试比较 i 和 n 的值会执行 $n+1$ 次，但是自增 i 的值仅仅会执行 n 次。让我们将第 2 行的操作次数区分开来，其中 t'_2 表示比较操作的时间，t''_2 表示递增操作的时间。同样地，我们将第 2A 步中判断 $A[i]$ 是否等于 x 的操作时间记为 t'_{2A}，把 i 值赋给 $answer$ 的操作时间记为 t''_{2A}。因此，LINEAR-SEARCH 的运行时间介于

$$t_1 + t'_2 \times (n+1) + t''_2 \times n + t'_{2A} \times n + t''_{2A} \times 0 + t_3$$

和

$$t_1 + t'_2 \times (n+1) + t''_2 \times n + t'_{2A} \times n + t''_{2A} \times n + t_3$$

⊖ 如果对实际的计算机体系结构有一点了解，那么你可能知道存取一个指定变量或者访问数组元素的时间并不一定是固定的，因为它可能取决于变量/数组元素是否在缓存、主存，或者在虚拟-存储系统的磁盘外存上。某些精密的计算机模型也将这些因素考虑在内，但是只通过假定所有变量和数组项均存在主存中，且存取这些元素均需要同样的时间就足以达到很好的效果了。

之间。

现在重写上、下界，并将所有能表示成 n 的倍数的项组合在一起，而将其他项组合在一起，这时我们可以看到运行时间介于**下界**

$$(t_2' + t_2'' + t_{2A}') \times n + (t_1 + t_2' + t_3)$$

和**上界**

$$(t_2' + t_2'' + t_{2A}' + t_{2A}'') \times n + (t_1 + t_2' + t_3)$$

之间。观察可得上、下界均可表示成 $c \cdot n + d$ 的形式，其中 c 和 d 均表示不依赖于 n 的常量。也就是说，它们均是关于 n 的线性函数。LINEAR-SEARCH 的运行时间介于关于 n 的一个线性函数和关于 n 的另一个线性函数之间。

我们用一个特殊符号来表示运行时间大于关于 n 的某线性函数，同时小于关于 n 的某个线性函数（可能与上述线性函数不同）。我们将这样的运行时间表示为 $\Theta(n)$。Θ 是希腊字母 theta，并且我们称它为 "theta of n" 或者 "theta n"。正如第 1 章所指出的那样，这个符号去除了低阶项 $(t_1 + t_2' + t_3)$ 和 n 的系数（对于下界，n 的系数是 $t_2' + t_2'' + t_{2A}'$；对于上界，n 的系数是 $t_2' + t_2'' + t_{2A}' + t_{2A}''$）。尽管我们用 $\Theta(n)$ 来表示运行时间会降低精度，但是它强调了运行时间的增长阶数，同时弱化了不必要的细节。

这个 Θ 符号适合于任何通用的函数，而不仅仅是那些用来描述算法运行时间的函数，并且它也适用于非线性函数。这个想法正如当我们有两个函数 $f(n)$ 和 $g(n)$，且 n 足够大时，$f(n)$ 在 $g(n)$ 的常数倍之内，此时我们称 $f(n) = \Theta(g(n))$。因此我们说当 n 足够大时，LINEAR-SEARCH 的运行时间小于等于 n 的某个常数倍。

18

关于 Θ 符号有一个严格定义，但幸运的是，当使用 Θ 符号时，我们很少求助于它。我们仅仅关心主阶项，而忽略低阶项和主阶项的常数因子。例如，函数 $n^2/4 + 100n + 50$ 等价于 $\Theta(n^2)$；这个例子中我们忽略了低阶项 $100n$ 和常数项 50，并且舍弃了常数因子 $1/4$。尽管当 n 较小时，相对于

$n^2/4$，低阶项会起主导作用。一旦 n 超过了 400，$n^2/4$ 会超过 $100n+50$。当 $n=1\,000$ 时，主阶项 $n^2/4$ 等于 250 000，而低阶项 $100n+50$ 仅仅会达到 100 050；对于 $n=2\,000$，此时 $n^2/4$ 等于 1 000 000，而 $100n+50$ 等于 200 050。在算法领域中，有时候我们会滥用符号而写作 $f(n)=\Theta(g(n))$，因此我们可以写作 $n^2/4+100n+50=\Theta(n^2)$。

现在让我们看看 BETTER-LINEAR-SEARCH 程序的运行时间。由于我们事先并不知道循环的迭代次数，这一程序比 LINEAR-SEARCH 更复杂一些。如果 $A[1]$ 等于 x，那么循环只会迭代一次。如果 x 没有在数组中出现，那么循环会迭代 n 次，这是出现得最多的循环次数。每次循环迭代需要花费常量时间，因此我们称在最坏情况下，BETTER-LINEAR-SEARCH 在一个包含 n 个元素的数组中进行查找操作需要花费 $\Theta(n)$ 时间。为什么要用"最坏情况下"呢？因为我们想要得到运行时间少的算法，最坏情况下发生在对任何可能的输入，一个算法花费最多时间的时候。

在最好情况下，当 $A[1]$ 等于 x 时，BETTER-LINEAR-SEARCH 仅仅会花费常量时间：将 i 赋值为 1，检查 $i\leqslant n$，此时 $A[i]=x$ 为真，并且程序返回 i 的值，即返回 1。该时间不依赖于 n。我们将 BETTER-LINEAR-SEARCH 在最好情况下的运行时间写作 $\Theta(1)$，因为在最好情况下，它的运行时间在 1 的常数因子之内。换句话说，最好情况下的运行时间是一个不依赖于 n 的常量。

因此我们看到了不能使用 Θ 符号来涵盖 BETTER-LINEAR-SEARCH 运行时间的所有情况。我们不能说运行时间总是 $\Theta(n)$，因为在最好情况下，运行时间是 $\Theta(1)$。我们也不能说运行时间总是 $\Theta(1)$，因为在最坏情况下，运行时间是 $\Theta(n)$。然而，我们说关于 n 的一个线性函数是所有情况下的一个上界，并且我们用一个符号来表示：$O(n)$。在念这个符号时，我们说"big-oh of n"或者仅仅称之为"oh of n"。如果一个函数 $f(n)$ 是 $O(g(n))$，即一旦 n 变得非常大，$f(n)$ 的上界是关于 $g(n)$ 的常数因子倍，写作 $f(n)=O(g(n))$。对于 BETTER-LINEAR-SEARCH，我们可以称在所有情况下，

19

该算法的运行时间均满足 $O(n)$；尽管它的运行时间可能会比关于 n 的某个线性函数运行时间好，但是它一定不会比关于 n 的所有线性函数运行时间都差。

我们使用 O 符号来表示该运行时间从不会比关于 n 的某个函数的常量倍差，但是如何表示不会比关于 n 的某个函数的常量倍好呢？这是一个下界问题，此时我们使用 Ω 符号，这与 O 符号的含义恰恰相反：如果 $f(n)$ 是 $\Omega(g(n))$，即一旦 n 变得非常大时，$f(n)$ 的下界是 $g(n)$ 的常数倍，写作 $f(n) = \Omega(g(n))$。由于 O 符号给出了上界，Ω 符号给出了下界，Θ 符号既给出了上界，又给出了下界，我们能推断出 $f(n)$ 是 $\Theta(g(n))$，当且仅当 $f(n)$ 是 $O(g(n))$ 且 $f(n)$ 是 $\Omega(g(n))$。

我们能对 BETTER-LINEAR-SEARCH 的运行时间给出一个满足所有情况的下界：在所有情况下该运行时间均是 $\Omega(1)$。当然，那是一个相对较弱的声明，我们知道对于任何输入的任何算法均至少需要花费常量时间。我们并不会经常使用 Ω 符号，但是它偶尔也会派上用场。

Θ 符号、O 符号和 Ω 符号这几个符号均是**渐近符号**。因为这些符号记录了随着变量近似趋向于无穷大时函数的增长趋势。所有这些渐近符号均使得我们去掉了低阶项和高阶项的常数因子，以便能够淡化不必要的细节而专注于主要方面：函数是如何随着 n 增长而变化的。

现在让我们转向讲述 SENTINEL-LINEAR-SEARCH 程序。正如 BETTER-LINEAR-SEARCH 一样，循环的每次迭代均需要花费常量时间，并且最少会执行 1 次迭代，最多执行 n 次迭代。SENTINEL-LINEAR-SEARCH 和 BET-TER-LINEAR-SEARCH 的最大不同是，SENTINEL-LINEAR-SEARCH 每次迭代花费的时间小于 BETTER-LINEAR-SEARCH 每次迭代花费的时间。两者在最坏情况下均需要花费线性时间，但是 SENTINEL-LINEAR-SEARCH 的常数因子更小一些。尽管我们设想 SENTINEL-LINEAR-SEARCH 在实际编程条件下运行速度更快，但那也仅仅可能是因为它的常量因子较小引起的。当我们使用渐近符号来表示 BETTER-LINEAR-SEARCH 和 SENTINEL-LINEAR-SEARCH 的运行时间时，它们是相等的，即在最坏情况下均是 $\Theta(n)$，在最好情况下均为 $\Theta(1)$，满足所有条件时均为 $O(n)$。

20

2.3　循环不变式

对于线性查找的 3 个算法，我们能很容易地看到每个算法均能生成正确的结果。但是有时候生成正确的结果看起来有点难。这涉及一系列技术，在这里不能一一讲解。

证明正确性的一个常用方法是使用**循环不变式**证明：即证明循环的每次迭代之前循环不变式为真。循环不变式能够帮助我们证明正确性，关于循环不变式，我们必须证明以下 3 条性质。

　　　　初始化：循环的第一次迭代之前，它为真。

　　　　保持：如果循环的每次迭代之前它为真，那么下次迭代之前它仍为真。

　　　　终止：循环终止时，当它确实终止时，伴随循环终止的原因，循环不变式为我们提供了一个有用的性质。

以 BETTER-LINEAR-SEARCH 算法为例，以下是一个循环不变式：

　　　　在第 1 步迭代开始时，如果数组 A 中存在 x，那么 x 一定在 $A[i] \sim A[n]$ 的**子数组**（数组的一段连续部分）中。

我们甚至不需要循环不变式来证明如果程序返回了一个索引而非 NOT-FOUND，则被返回的索引是正确的：在第 1A 步中该程序能返回索引 i 的唯一方式是因为 x 等于 $A[i]$。下面，我们使用循环不变式来证明如果程序是在第 2 步中返回 NOT-FOUND，那么数组中一定不包含 x。

　　初始化：初始时，$i=1$，因此循环不变式的子数组是 $A[1]\sim$ $A[n]$，此时代表整个数组。

　　保持：假定当前循环变量是 i，在迭代开始时，如果数组 A 中包含 x，那么它一定在从 $A[i]$ 到 $A[n]$ 的子数组中。如果执行这次循环迭代而没有返回值，我们能得出 $A[i]\neq x$，因此能确定地说如果 x 在数组 A 内，那么它一定出现在 $A[i+1]\sim A[n]$ 的子数组内。因为 i 在下次迭代之前会自增 1，所以循环不变式在下次迭代之前仍为真。

$\boxed{21}$

　　终止：循环一定会终止，或者因为程序会在第 1A 步返回，或者由于 $i>n$。我们已经对程序因在第 1A 步返回而导致循环终止的情况进行了验证。

　　为了处理因 $i>n$ 而导致循环终止的情况，我们依据循环不变式的等价性来证明。命题"如果 A 那么 B"的**逆否命题**是"如果非 B 那么非 A"。一个命题为真当且仅当与它等价的命题也为真。该循环不变式的等价命题为"如果 x 没有出现在 $A[i]\sim A[n]$ 的子数组中，那么数组 A 中就不存在 x"。

　　现在，当 $i>n$ 时，$A[i]\sim A[n]$ 这个子数组为空。因此这个子数组中不可能包含 x。因此，根据循环不变式的等价式，x 不可能出现在数组 A 的任意位置上，因此第 2 步中返回 NOT-FOUND 是恰当的。

　　这一系列的推理仅仅是为了说明这么一个简单的循环？每次写一个循环时，我们都必须添加上述证明吗？我不会，但是针对每一个简单的循环，依旧有几个计算机科学家坚持这样严格的推理。在实际编程时，我发现在我写一个循环的大部分时间里，我会在头脑里想出循环不变式。它可能深藏在我的头脑中以至于我甚至没有意识到我的大脑里会存在该循环不变式，但是如果要求我必须陈述该循环不变式，我能够完整地将其表述下来。虽然我们中的大多数人认为循环不变式对于理解像 BETTER-LINEAR-SEARCH 这样的简单循环没有必要，但是我们想要理解复杂的循环能够执行正确的操作时使用循环不变式会很方便。

2.4　递归

利用**递归**技术，能将一个问题转化为同一个样子问题的求解过程。这是我最喜欢的经典的递归例子：计算 $n!$（"n 的阶乘"），它被定义为如下，对于一个非负数 n，当 $n=0$ 时，$n!=1$ 且 $n!=n \cdot (n-1) \cdot (n-2) \cdot (n-3) \cdots 3 \cdot 2 \cdot 1$（如果 $n \geqslant 1$）。例如，$5!=5 \cdot 4 \cdot 3 \cdot 2 \cdot 1=120$。观察得 $(n-1)!=(n-1) \cdot (n-2) \cdot (n-3) \cdots 3 \cdot 2 \cdot 1$，并且得 $n!=n \cdot (n-1)!$（对于 $n \geqslant 1$）。针对 $n!$ 这个问题，我们定义了"较小的"问题，也就是 $(n-1)!$。我们能够写出一个递归程序来计算 $n!$，具体如下：

> **程序**　FACTORIAL(n)
>
> **输入**：一个整数，$n \geqslant 0$。
>
> **输出**：$n!$ 的值。
>
> 1. 如果 $n=0$，那么返回 1 作为输出。
>
> 2. 否则，返回递归调用 FACTORIAL($n-1$) 的 n 倍。

第 2 步的表达方式过于啰嗦。我可以将其改写为"Otherwise, return $n \cdot$ FACTORIAL($n-1$)"［否则，返回 $n \cdot$ FACTOR2AL($n-1$)］，即在一个更大的算术表达式中使用递归调用的返回值。

对于递归，我们必须强调两个特性。首先，必须有一个或多个**基础情况**（base case），它是指不用递归而直接计算出结果。第二，程序中的每个递归调用一定是通过一系列关于同一问题的子问题的求解而最终迭代到基础情况。对于 FACTORIAL 程序，当 n 等于 0 时，基础情况发生，并且每一个递归调用最终均会将 n 归约到 1。只要初始时 n 是非负的，递归调用最终均会归约到基础情况。

证明递归算法工作流程的第一步可能让人感觉过于简单。证明的关键是每次递归调用均会产生正确的结果。只要我们愿意相信递归调用确实得到了正确结果，那么证明正确性通常是容易的。如下是我们如何证明 FACTORIAL 程序返回了正确的结果。很明显，当 $n=0$ 时，结果返回 1，1 等价于 $n!$。假定当 $n \geqslant 1$ 时，FACTORIAL$(n-1)$ 这个递归调用返回了正确的结果：它返回了 $(n-1)!$。该程序再用 n 乘以该值，因此计算出了 $n!$ 这一结果，也就是最后要返回的值。

下面举一个程序，虽然它利用了正确的数学公式计算，但它不是基于子问题求解的递归调用。当 $n \geqslant 0$ 时，确实有 $n! = (n+1)!/(n+1)$。下列递归程序虽然利用了该数学公式，但是未能得出正确的结果（当 $n \geqslant 1$ 时）：

23

> **程序**　BAD-FACTORIAL(n)
>
> **输入、输出**：与 FACTORIAL 的输入、输出相同。
> 1. 如果 $n=0$，那么返回 1 作为输出。
> 2. 否则，返回 BAD-FACTORIAL$(n+1)/(n+1)$。

如果要调用 BAD-FACTORIAL(1)，那么它会产生一个递归调用 BAD-FACTORIAL(2)，该递归调用会产生一个递归调用 BAD-FACTORIAL(3)，等等，这一系列递归调用均不会归约到基础情况（即 $n=0$ 事件）。如果要用一种实际编程语言来实现该程序并且将该程序运行到一个真正的计算机上，那么你会很快就能看到一条"栈溢出错误"的错误信息。

我们通常能将算法表示成一种递归风格的循环方式。如下是一个线性查找算法，它没有使用标记，而是使用递归方式书写的：

> **程序** RECURSIVE-LINEAR-SEARCH(A, n, i, x)
>
> **输入**：与 LINEAR-SEARCH 的相同，额外再加上一个参数 i。
>
> **输出**：从 $A[i]$ 到 $A[n]$ 的子数组中元素值等于 x 的索引，或者 NOT-FOUND（如果 x 没有在子数组中出现）。
>
> 1. 如果 $i>n$，那么返回 NOT-FOUND。
> 2. 否则（$i \leqslant n$），如果 $A[i]=x$，那么返回 i。
> 3. 否则（$i \leqslant n$ 并且 $A[i] \neq x$），返回 RECURSIVE-LINEAR-SEARCH(A, n, $i+1$, x)。

这里，子问题是在 $A[i] \sim A[n]$ 这个子数组中寻找 x 的问题。基础情况发生在第 1 步中即当子数组本身是空时，也就是当 $i>n$ 时。因为每执行一次第 3 步的递归调用，如果没有第 2 步中的值返回，i 的值就会自增一，那么最后 i 会大于 n，此时我们会执行基础情况。

2.5　拓展阅读

《算法导论》[CLRS09] 中的第 2 章和第 3 章的内容涵盖了本章的大多数知识点。由 Aho、Hopcroft 和 UIIman 所写的一本早期的算法方面的教科书《计算机算法的设计与分析》（*The Design and Analysis of Computer Algorithms*）[AHU74] 影响了计算机领域使用渐进符号来分析算法。另外还有大量的著作用来证明程序的正确性；如果你想深入研究这个领域，可以参考由 Gries[Gri81] 和 Mitchell [Mit96] 所写的书籍。

24

排序算法和查找算法

在第 2 章中，我们看到了在数组上进行线性查找的三个算法。我们能做得更好吗？答案是：看情况。如果不清楚数组中的元素是否有序，我们是不可能做得更好的。在最坏情况下，我们必须查找数组的所有 n 个元素，因为如果在前 $n-1$ 个元素中不能找到要找的值，那么要查找的元素可能在第 n 个位置上。因此，当我们不清楚数组中的元素是否有序时，我们不可能实现比 $\Theta(n)$ 更好的最坏情况运行时间。

然而，假定数组是以非递减顺序排序的，那么根据"非递减"的含义得出每个元素均小于或者等于它的后继。在这一章中，我们会看到当数组有序时，能够使用二分查找的简单技术来实现从包含 n 个元素的数组中查找元素的时间复杂度为 $O(\lg n)$ 的算法。正如第 1 章提到的，与 n 相比，$\lg n$

增长更缓慢，因此二分查找法在最坏情况下会优于线性查找。[⊖]

一个元素比另一个元素小意味着什么呢？当元素是数字时，结果是显然的。当元素是字符串时，我们会联想到**字典序**：如果在字典中某元素出现在另一个元素的前面，那么该元素就小于另一个元素。当元素是其他形式的数据时，我们必须自定义"小于"的含义。只要对"小于"有了清晰的概念，我们就能判定数组是否是有序的。

回忆第 2 章中在书架上查找书的例子，我们能将书籍按照作者名排序，也可以按照书名排序，如果书籍陈列在图书馆中，那么也可以按照索书号排序。在本章中，如果书籍是按照作者名的字母序从左到右排序，则称书架上的书籍是有序的。然而，书架上也可能包含由同一个作者写的多本书，比如你有好几本由莎士比亚写的书。如果我们并非想要查找由莎士比亚所写的任意一本书，而是某本特定的书，那么如果两本书有相同的作者，我们就假定这两本书是按照书名的字母序从左到右排序。再或者，如果我们关心的仅仅是作者的名字，那么当进行查找的时候，任何一本由莎士比亚所写的书均可以作为我们要查找到的最终结果。我们称要匹配的信息为**关键字**。在书架的例子中，关键字是作者的名字，而不是作者名和书名的组合，后者是为了处理同一个作者有两部作品的情况。

那么，我们如何才能获得排好序的数组呢？这一章中，我们将看到 4 个算法——选择排序、插入排序、归并排序和快速排序——为了将一个数组排好序，我们要将其中一个算法应用到我们所讲的书架这个例子上。每种排序算法都有优点和缺点，在本章最后我们将回顾和比较这些排序算法。在本章中我们要学到的所有算法在最坏情况下的运行时间或者等于 $\Theta(n^2)$，或者等于 $\Theta(n\lg n)$。因此，如果仅仅需要执行几个查询，你最好直接执行线性查找。但是如果你将进行多次查找，那么最好先将数组排序，然后执行

⊖ 如果你是一个非计算机专业人士，同时你未阅读 1.4 节，那么你应该回过头去阅读关于对数的那部分内容。

二分查找算法。

　　排序本身就是一个重要的问题，而不仅仅是二分查找的预处理步骤。考虑所有需要排序的数据，例如电话簿需要按照名字排序；每月银行对账单支票或者需要按照支票号排序，或者需要按照银行处理账单的日期排序；甚至由网络搜索引擎搜索的结果也需要按照与查询的相关性进行排序等。而且，排序通常是其他算法中的一个步骤。例如，在计算机图形学中，对象往往会相互层叠在一起。这时需要这样一个程序：它能够将屏幕上的对象按照"上方"关系排序以便能够实现按照从底部到顶部的顺序依次绘制对象。

　　在继续讲述前，还需说明我们要对什么进行排序。除了关键字（进行排序时，我们将其称为**排序关键字**）之外，通常我们将排序过程中的剩余元素称为**卫星数据**（satellite data）。尽管卫星数据可能来自卫星，但是通常它并非来自卫星。卫星数据是和排序关键字关联的信息，在重排元素时，卫星数据也需要随着关键字进行重排。例如书架这个例子，排序关键字是作者的名字，而卫星数据就是书本身。

　　我以下面这种方式给学生们解释卫星数据的含义，以保证他们能明白该词。我将学生的等级成绩保存至一份电子数据表中，其中每行是按照学生的名字排序的。为了得出学期末的最终课程成绩，我重排了行，此时排序关键字是包含着学生课程分数的那一列，而其余列（包含学生姓名）均被称作卫星数据。我将分数按照降序排列，因此位于顶部的那些行的成绩为A，而靠近底部的那些行的分数为D或者E。[⊖]假设我仅仅重排了包含分数的那一列，而没有重排包含分数的整行，那么最终结果是学生姓名依然是按照字母顺序排序的。这就会让名字排在字母表前面的学生因为他们的分数高而很开心，而名字排在字母表后面的学生因他们的分数低而不开心了。

26

　　⊖　Dartmouth 使用 E 而不是 F 来表示不及格的成绩。我不清楚为什么这样表示，但是通过将字母形式的等级成绩转化为四维的数值型等级成绩，而不是五维的，我猜测如此能更加简化计算机程序。

以下是关于排序关键字和卫星数据的其他例子。在电话簿中，排序关键字是名字，而卫星数据是地址和电话号码。在银行对账单中，排序关键字是支票号码，而卫星数据包含支票金额和标注的交易日期。在搜索引擎中，排序关键字是查询的相关性的评估结果，而卫星数据是网页的网址，再加上搜索引擎所存储的与该网页相关的其他数据信息。

本章中我们针对数组进行讨论，同时假定每个元素仅仅包含一个排序关键字。如果要实现下述的任意一个排序算法，你一定要确保当重排元素时，相应的卫星数据也要进行相应的重排操作，或者保证当重新排序关键字时，指向卫星数据的指针要做相应的变换。

为了将书架模拟为计算机数组，我们需要假定书架和书需要满足两个额外的特性，我承认这点不太切合实际。首先，书架上的所有书大小规格一样，因为在计算机数组中，数组中的所有项占用相同的空间大小。其次，我们能按照书架上书的位置对其从 1 到 n 进行编号，并且我们将每一个站位称为一个位置。位置 1 是最左侧的位置，而位置 n 代表最右侧的位置。正如你可能猜到的，书架上的每个位置均相应地对应着数组中的一项。

27

我也想说说"排序"（sorting）这个词。一般意义上的排序和我们在计算使用中的排序的含义不同。我电脑中的在线词典上是这样定义的，"组内系统地整理；根据类型或者类别分类等"：例如你可能这样"排序"你的衣物，衬衫放在一个地方，裤子统一放在另一个地方，等等。在计算机算法领域中，排序意味着按照一个明确定义的顺序排列，此时"组内系统地整理"也称为"分桶"（bucketing）、"桶状的"（bucketizing）或者"装箱"（binning）等。

3.1 二分查找

在学习一些排序算法之前，首先学习二分查找，其中待查找的数组事先需要是有序的。二分查找的优点是从包含 n 个元素的数组中执行查找操作

仅仅需要 $O(\lg n)$ 时间。

在书架那个例子中，当书架上的书已经按照作者名字从左向右依次排好序后才开始进行查找。我们将使用作者名字作为主关键字，现在让我们搜索下由 Jonathan Swift 所写的书。你可能已经推测到：因为作者的姓以"S"开头，"S"是字母表中的第 19 个字母，且 19/26 与 3/4 接近，因此你可能会浏览书架上位置大约在四分之三的那部分书籍。但是如果你有莎士比亚的所有作品，接着还有几本姓氏排在 Swift 之前的作者的书籍，就会使 Swift 的书所处的位置比你设想的位置靠右些。

下面讲述如何运用二分查找方法来查找由 Jonathan Swift 所写的书。准确地确定书架的正中间位置，并查看该位置的书籍，检查作者的名字。假定你找到了一本由 Jack London 所写的书。这时你不仅仅知道这本书不是你要找的书籍，而且因为你知道所有的书都是按照作者姓名字母顺序排序的，那么你就会知道位于 London 所写的书的左侧的所有书籍均不可能是你要寻找的。仅仅通过查看一本书，你就可以考虑淘汰书架上的一半书籍！任何由 Swift 所写的书籍必定位于书架的右半部分。若此时你找到了位于右侧的那一半书籍正中点位置的书籍。现假定该书籍是由 Leo Tolstoy 所写的。同样，这本书也不是你要查找的书籍，但是你可以淘汰这本书右侧的所有书籍：保留余下的那一半有可能的书籍。这时候你知道如果书架上包含由 Swift 所写的书，那么它一定在剩下的四分之一份书籍中，即介于 London 右侧和 Tolstoy 左侧的书之间。下一次，你找到位于这余下四分之一书籍的正中间的位置的书籍并判定它是否是要查找的书籍。如果你发现它是由 Swift 所写的，那么你就完成了查找任务。否则，你需要再一次淘汰当前书籍中的一半书籍。最终，你或许找到了一本由 Swift 所写的书或者剩下的书籍均不可能是要查找的书籍。在后一种情况中，你可以断定书架上不包含由 Jonathan Swift 所写的书籍。

28

在计算机中，我们在一个数组上执行二分查找。在任意情况下，我们仅仅考虑某个子数组，也就是说，介于两个索引之间的部分数组，将这两

个索引依次记为 p 和 r。初始时，$p=1$，$r=n$，因此开始时，子数组为整个完整数组。我们反复地将子数组规模减半，直到发现以下任意一种情况发生：要么找到了要查找的元素，要么当前的子数组为空（也就是说，p 变得大于 r）。反复对子数组执行减半操作需要花费 $O(\lg n)$ 的运行时间。

下面是执行二分查找的详尽过程。例如，我们要在数组 A 中查找值 x。在每一步中，我们仅仅考虑以 $A[p]$ 开始、$A[r]$ 结束的子数组。由于经常操作子数组，我们将该子数组表示为 $A[p..r]$。在每一步中，通过取 p 和 r 的平均数且舍弃分数部分来计算出当前正在考虑的子数组的中间位置 q，对于任何情况，都有 $q=\lfloor(p+r)/2\rfloor$。（这里，我们使用"向下取整"符号$\lfloor\ \rfloor$来舍弃分数部分。如果你将在某一编程语言中实现该符号，例如 Java、C 或者 C++，那么你可以使用整除符号来舍弃分数部分。）我们判断 $A[q]$ 是否等于 x，如果 $A[q]$ 确实等于 x，那么我们就完成了查找操作，因为 q 是数组 A 中一个包含 x 的索引，我们可以将其返回。

如果反之，我们发现 $A[q]\neq x$，那么我们可以利用 A 是有序的这个假设。由于 $A[q]\neq x$，这里存在两种可能，或者是 $A[q]>x$，或者是 $A[q]<x$。我们首先处理$A[q]>x$这种情况。因为数组是有序的，我们知道不仅仅 $A[q]$ 比 x 大，而且——考虑到数组从左到右按顺序排列——排在 $A[q]$ 之后的每个数组元素均比 x 大。因此，我们能够淘汰所有在 $A[q]$ 这个位置及位于它之后的所有元素：我们令 p 保持不变，而 r 被设为 $q-1$，开始下一步：

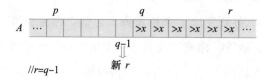

29

如果反之，我们发现 $A[q]<x$，我们知道每个数组在 $A[q]$ 或者$A[q]$左侧的数组元素均比 x 小，因此淘汰这些元素（即在 $A[q]$ 位置和 $A[q]$ 左侧的元素）。令 r 保持不变，而 p 被设定为 $q+1$，开始下一步：

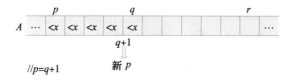

以下是二叉查找的精确程序 BINARY-SEARCH：

> **程序**　BINARY-SEARCH(A, n, x)
>
> **输入、输出**：与 LINEAR-SEARCH 的输入、输出相同。
>
> 1. 将 p 赋值为 1，将 r 赋值为 n。
> 2. 只要 $p \leqslant r$，执行如下操作：
>
>   A. 将 q 赋值为 $\lfloor (p+r)/2 \rfloor$。
>
>   B. 如果 $A[q]=x$，那么返回 q。
>
>   C. 否则（$A[q] \neq x$），如果 $A[q]>x$，那么将 r 赋值为 $q-1$。
>
>   D. 否则（$A[q]<x$），那么将 p 赋值为 $q+1$。
>
> 3. 返回 NOT-FOUND。

　　第二步的循环不一定因为 p 变得比 r 大而终止，如果它发现 $A[q]$ 等于 x，则会在第 2B 步终止，并返回 A 中等于 x 元素的对应索引 q。

　　为了证明 BINARY-SEARCH 程序能正确地运行，仅仅需要展示如果 BINARY-SEARCH 在第 3 步中返回 NOT-FOUND，那么 x 不会出现在数组的任意位置。使用如下的循环不变式：

　　　　在第 2 步循环的每一次迭代开始时，如果 x 出现在数组 A 中的某个位置，那么它在子数组 $A[p..r]$ 的某个位置处。

　　使用循环不变式的简洁证明如下：

　　初始化：第 1 步分别将索引 p 初始化为 1，r 初始化为 n，因此当程序首先进入循环时，循环不变式为真。

　　保持：我们证明上述第 2C 步和第 2D 步中正确地调整 p 或者 r。

终止：如果 x 不在数组中，那么最终程序会找到 $p=r$ 的位置。如果 $p=r$，第 2A 步计算出的 q 会与 p 和 r 均相等。如果第 2C 步中将 r 设定为 $q-1$，那么在下一次迭代开始时，r 将会等于 $p-1$，那么 p 会大于 r。如果第 2D 步中将 p 设定为 $q+1$，那么在下一次迭代开始时，p 会等于 $r+1$，同样地 p 会大于 r。任何一种情况下，第 2 步中的循环判定均会是错误的，并且循环会终止。因为 $p>r$，那么子数组 $A[p..r]$ 将会是空的，因此值 x 不可能出现在子数组中。参考循环不变式 2.3 节的等价命题给我们的指示：如果 x 并没有出现在子数组 $A[p..r]$ 中，那么它不可能出现在数组 A 的任何位置。因此，第 3 步中返回 NOT-FOUND 是正确的。

我们也能将二叉查找写成递归程序：

> **程序** RECURSIVE-BINARY-SEARCH(A, p, r, x)
>
> **输入、输出**：输入中的 A、x 与 LINEAR-SEARCH 的输入中的 A、x 相同，输出与 LINEAR-SEARCH 的输出相同。输入中的 p 和 r 表示子数组 $A[p..r]$ 的开始索引和末尾索引。
>
> 1. 如果 $p>r$，那么返回 NOT-FOUND。
> 2. 否则（$p \leq r$），执行如下操作：
>   A. 将 q 赋值为 $\lfloor (p+r)/2 \rfloor$。
>   B. 如果 $A[q]=x$，那么返回 q。
>   C. 否则（$A[q] \neq x$），如果 $A[q]>x$，那么返回 RECURSIVE-BINARY-SEARCH(A, p, $q-1$, x)。
>   D. 否则（$A[q]<x$），返回 RECURSIVE-BINARY-SEARCH(A, $q+1$, r, x)。

初始调用是 RECURSIVE-BINARY-SEARCH(A, 1, n, x)。

现在证明在一个 n 元素数组上二叉查找需要 $O(\lg n)$ 时间。一个重要的观察结果是：当前子数组的规模 $r-p+1$ 在每次循环迭代中均近似减半（或者在递归版本的每次递归调用中子数组均会近似减半，但是这里让我们只考虑迭代版本的 BINARY-SEARCH 程序）。尝试了所有情况后，你将会发现如果一次迭代开始于一个具有 s 个元素的子数组，那么下一次迭代将会有 $\lfloor s/2 \rfloor$ 或者 $s/2-1$ 个元素，这取决于 s 是偶数还是奇数以及 $A[q]$ 大于还是小于 x。我们已经看到一旦子数组的规模降到了 1，那么程序将会终止于下一次迭代。因此我们会问，需要多少次子数组减半的循环迭代操作才能将一个初始规模为 n 的数组降为一个规模为 1 的数组？那将和以规模为 1 的子数组开始，每一次将它的规模加倍直到规模为 n 所需要的次数是相同的。后者仅仅是取幂，即反复地乘以 2。换句话说，使得 2^x 等于 n 的 x 应该是多少？如果 n 是 2 的整数幂，那么我们已经在 1.4 节计算出这个值是 $\lg n$。当然，n 可能不是 2 的整数幂，在这种情况下，这个值可能在 1 和 $\lg n$ 之间。最后，我们指出循环的每次迭代需要花费常量时间，也就是说，一次简单迭代的时间并不依赖于原始数组的规模 n 和当前正在考虑的子数组的规模。让我们使用近似符号来忽略常量因子和低阶项。（循环迭代的次数是 $\lg n$ 还是 $\lfloor \lg n \rfloor+1$ 呢？有谁会关心呢？）因此我们得出了二分查找的运行时间是 $O(\lg n)$。

在这里，使用 O 符号是因为我想得出一个能够涵盖所有情况的结果。在最坏情况下，当值 x 并没有在数组中出现时，我们迭代地进行减半操作，直到当前正在考察的子数组等于空为止，这会产生 $\Theta(\lg n)$ 的运行时间。在最好情况下，即 x 在循环的第一次迭代过程中，那么此时运行时间是 $\Theta(1)$。Θ 符号不会覆盖所有的情况，但是 $O(\lg n)$ 的运行时间对于二分查找而言总是正确的——只要数组已经是有序的。

对于查找而言，最坏运行时间可能超越 $\Theta(\lg n)$ 吗？除非我们采取更详细的数据组织方式，并且对关键字做出一定的假设。

3.2 选择排序

现在让我们将注意力转向**排序**：重排数组中的所有元素——也称为**重排数组**——以便每个元素小于或者等于它的后继。我们要看到的第一种排序算法是选择排序，这是我能想到的最简单的算法，在设计一个排序算法时，我最先能想到的就是选择排序，虽然它远远不是最快的算法。

下面我们用依据作者名字对书架上的书排序这个例子来说明选择排序是如何运行的。从左向右查找整个书架，并且找到作者名字最先在字母表中出现的书籍。假定这本排序在字母表中最前的书籍是由 Louisa May Alcott所写的（如果书架上包含由该作者所写的两本或者两本以上的书籍，选择它们中的任意一本）。将这个位置上的书籍和初始时位于位置 1 上的书籍进行调换。现在位于位置 1 上的书籍是作者名字最先在字母表中出现的书籍。现在沿着书架从左向右查找，查找从第 2 个位置到第 n 个位置上的书籍中最先在字母表中出现的书籍。并假定这本书是由 Jane Austen 所写的。将这本书与位于第 2 个位置的书籍进行调换，从而使得现在位于第 1 个位置和第 2 个位置上的书籍同时也是按照字母表排序中的位于最前面的第 1 个、第 2 个书籍。同理操作，得到位置 3 上应该放置的书籍，等等。一旦在位置 $n-1$ 处放置了正确的书籍（可能是由 H. G. Wells 所写的书），那么我们就完成操作了，因为这时仅仅就剩下一本书了（比如说，由 Oscar Wilde 所写的书），并且它就位于它本身应该放置的第 n 个位置处。

为了将这个方法转换成一个计算机算法，可以将书架看作是一个数组，所有的书看作是数组中的所有元素。下面是这个程序。

程序　SELECTION-SORT(A，n)

输入：
- A：一个数组。
- n：待排序的数组 A 中的元素个数。

结果： 数组 A 中的元素以非递减顺序排序。

1. 令 i 从 1 到 $n-1$ 依次取值：

　　A. 将 *smallest* 赋值为子数组 $A[i..n]$ 的最小元素的索引。

　　B. 交换 $A[i]$ 与 $A[smallest]$ 的值。

在 $A[i..n]$ 中查找最小的元素相当于线性查找的变体。首先声明 $A[i]$ 是目前所看到的子数组中最小的元素，然后扫描子数组的剩余部分，每当发现有一个元素小于当前最小的元素时，我们就更新最小元素的索引。下面是重定义的程序。

> **程序**　SELECTION-SORT(A, n)
>
> **输入和结果**：与之前的 $Inputs$ 和 $Result$ 相同。
>
> 1. 令 i 从 1 到 $n-1$ 依次取值：
>
>   A. 将 $Smallest$ 赋值为 i。
>
>   B. 令 j 从 $i+1$ 到 n 依次取值：
>
>   i. 如果 $A[j] < A[smallest]$，那么将 $smallest$ 赋值为 j。
>
>   C. 交换 $A[i]$ 与 $A[smallest]$ 的值。

33

该程序有个"嵌套"循环，即第 1B 步中的循环嵌套在第 1 步中。对于外层循环的每次迭代，内层循环会执行它的循环体内的所有循环。注意内层循环的初始值 j 依赖于外层循环的当前值 i。下图表明了选择排序在一个包含 6 个元素的数组中是如何进行排序的：

左上方是初始数组，每步展示了经过外层循环的一次迭代后的结果。深蓝色阴影的元素是当前得到的排好序的子数组。

如果你想使用循环不变式来证明 SELECTION-SORT 程序能正确地实现排序操作，那就需要对每个循环进行证明。程序太简单，我们不再证明其正确性，循环不变式如下：

　　第 1 步中的每次循环迭代开始时，子数组 $A[1..i-1]$ 保存着

整个数组 A 的前 $i-1$ 个有序排列的最小元素。

第 1B 步中的每次循环迭代开始时，$A[smallest]$ 中存放着子数组 $A[i..j-1]$ 中的最小元素。

SELECTION-SORT 的运行时间是多少？我们将证明它是 $\Theta(n^2)$。关键是分析出内层循环执行了多少次迭代，其中每次迭代需要花费 $\Theta(1)$ 时间。（这里，因为在每次迭代中对 $smallest$ 的赋值操作可能发生也可能不会发生，因此 Θ 符号的下界和上界中的常数因子可能是不同的。）让我们基于外部循环中循环变量 i 的值计算迭代的次数。当 i 等于 1 时，内层循环中 j 从 2 变化到 n，共执行 $n-1$ 次。当 i 等于 2 时，内层循环中 j 从 3 到 n，共执行 $n-2$ 次。外层循环中 i 值每增加 1，那么内层循环执行次数会减少 1 次。总结可得，内层循环每次执行 $n-i$ 次。在外层循环的最后一次迭代中，当 i 等于 $n-1$ 时，内层循环仅仅执行 1 次。因此内层循环迭代的总数是 $(n-1)+(n-2)+(n-3)+\cdots+2+1$，这就是一个**等差数列求和**。根据等差数列的基本公式：对于任意非负整数 k 有

$$k+(k-1)+(k-2)+\cdots+2+1=\frac{k(k+1)}{2}$$

用 $n-1$ 代替 k，我们看到内层循环迭代的总次数是 $(n-1)n/2$，即 $(n^2-n)/2$。使用渐近符号来省略低阶项 $(-n)$ 和常数因子 $(1/2)$，那么我们就可以称内层循环的总次数是 $\Theta(n^2)$。因此，SELECTION-SORT 的运行时间是 $\Theta(n^2)$。注意该运行时间能够覆盖所有情况。无论实际的元素值是什么，内层循环均会执行 $\Theta(n^2)$ 次。

下面用另一种不使用等差数列的方法来证明运行时间是 $\Theta(n^2)$。我们将分别证明运行时间是 $O(n^2)$ 和 $\Omega(n^2)$，将渐近上界和渐近下界联合考虑就会得到 $\Theta(n^2)$。为了证明运行时间是 $O(n^2)$，我们观察发现外部循环的每次迭代对应的内层循环最多执行 $n-1$ 次，而每次内层循环的迭代需花费常量时间，故外层循环的每次迭代需花费 $O(n)$ 时间。由于外部循环迭代 $n-1$ 次，即也是 $O(n)$，故内层循环需要花费的总运行时间是 $O(n)$ 乘以 $O(n)$，

即 $O(n^2)$。为了证明运行时间是 $\Omega(n^2)$，我们观察发现在外层循环的前 $n/2$ 次迭代中，每个内层循环至少迭代 $n/2$ 次，那么总执行次数至少为 $n/2$ 乘以 $n/2$，即 $n^2/4$ 次。由于每个内层循环花费常量时间，所以我们证明出了运行时间至少是 $n^2/4$ 的常数倍，即为 $\Omega(n^2)$。

最后总结一下关于选择排序的两个结论。首先，我们看到渐近运行时间为 $\Theta(n^2)$，这是我们观察到的最坏的排序算法。第二，如果认真观察选择排序是如何运行的，你将发现 $\Theta(n^2)$ 的运行时间来自第 $1Bi$ 步中的比较操作。但是移动元素的次数仅仅是 $\Theta(n)$，因为第 $1C$ 步仅仅执行了 $n-1$ 次。如果移动元素相当耗时——或者它们所占空间很大或者它们储存在一个存储较慢的设备（例如磁盘）中——那么选择排序可能是一个合适的算法。

3.3 插入排序

尽管插入排序和选择排序有些相似，但它们还是有点不同。在选择排序中，当我们决定要把哪本书放在第 i 个位置上时，当下前 i 个位置的书是书架中所有书按照作者姓名排序的前 i 本书。插入排序中，前 i 个位置的书仍然是初始时刻在前 i 个位置的书，但现在是按照作者名字顺序对这 i 本书进行了重排操作。

例如，假设放在前 4 个位置的书已经按照作者名字排好序了，并且按照顺序，它们分别是 Charles Dickens、Herman Melville、Jonathan Swift 和 Leo Tolstoy 所写的书。现在第 5 个位置处的书是 Sir Walter Scott 写的。通过插入排序，我们将 Swift 和 Tolstoy 所写的书分别向右移动一个位置，将它们分别从第 3 个位置和第 4 个位置移动到第 4 个位置和第 5 个位置，然后我们把由 Scott 所写的书放置到空出的第 3 个位置。此时当我们操作由 Scott 所写的书时，我们并不关心位于它右侧的是哪本书籍（下图中显示的是由 Jack London 和 Gustave Flaubert 所写的书），我们随后再处理它们。

　　为了移动 Swift 和 Tolstoy 所写的书，首先比较 Tolstoy 和 Scott 这两个作者名字。我们发现 Tolstoy 排在 Scott 之后，因此将 Tolstoy 所写的书向右移动一个位置，从第 4 个位置移动到第 5 个位置。然后比较 Swift 和 Scott 这两个作者名字。我们发现 Swift 排在 Scott 之后，因此将 Swift 所写的书向右移动一个位置，从第 3 个位置移动到第 4 个位置，其中第 4 个位置就是当我们移动 Tolstoy 时所空出的位置。下一步比较 Herman Melville 和 Scott 这两个作者名字。这时，我们发现 Melville 并没有排在 Scott 之后。因而不再比较作者名字，因为我们已经发现由 Scott 所写的书应该排在 Melville 所写的书的右侧和 Swift 所写的书的左侧。我们把 Scott 所写的书放在第 3 个位置处，也就是当我们移动 Swift 所写的书时所空出的位置。

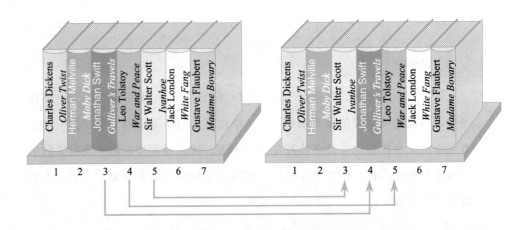

　　为了将这一观点转化为插入排序中对一个数组的排序，子数组 $A[1..i-1]$ 是初始时位于数组的前 $i-1$ 个位置的元素，但是此时它们被重新排序了。为了判定原来在 $A[i]$ 中存放的元素现在的位置，插入排序依次与 $A[1..i-1]$ 中的所有元素进行比较，首先与 $A[i-1]$ 比较，之后依次向左移动，使每个比当前 $A[i]$ 元素大的元素向右移动一个位置。一旦找到了一个不大于 $A[i]$ 的元素或者已经到达了数组的最左端，那么我们将初始时在 $A[i]$ 中的元素调换到数组当前的新位置上。

程序 INSERTION-SORT（A，n）

输入、结果：与 SELECTION-SORT 的输入、结果相同。

1. 令 i 从 2 到 n 依次取值：

    A. key 被赋值为 $A[i]$，将 j 赋值为 $i-1$。

    B. 只要 $j>0$ 并且 $A[j]>key$，执行如下操作：

        i. 将 $A[j+1]$ 赋值为 $A[j]$。

        ii. 令 j 自减 1（也就是说，将 j 赋值为 $j-1$）。

    C. $A[j+1]$ 被赋值为 key。

第 1B 步中的判定条件依赖于**短路的**（short circuiting）"与"运算符：如果表达式左侧部分（即 $j>0$）为假，那么它就不会再判定表达式右侧部分的真假。如果 $j\leqslant0$，程序又试图获取 $A[j]$ 的值时，就会发生数组索引指向错误。

下面我们使用在 3.2 节的选择排序例子里的数组来描述插入排序的执行过程：

同样地，最初的数组出现在左上侧，图中每一步显示了经过程序第 1 步中外部循环的一次迭代后得到的新数组。深蓝色阴影标识的元素是已经排好序的子数组。针对外部循环的循环不变式（我们也不再证明）如下：

在第 1 步循环的每次迭代开始时，子数组 $A[1..i-1]$ 包含初始元素 $A[1..i-1]$，但此时是已经排好序的。

下图表明当 i 等于 4 时，上述例子第 1B 步中的内部循环是如何工作的。我们假定子数组 $A[1..3]$ 中包含初始在前 3 个位置的数组元素，但现在它们是排好序的。为了确定原来在 $A[4]$ 中的元素现在应该放置的位置，我们将它保存在一个名为 key 的变量中，然后将 $A[1..3]$ 中比 key 值大的元素依次向右移动一个位置：

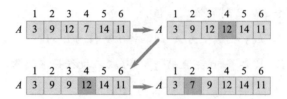

深蓝色阴影位置表明元素应该移动到的位置。从最后一步可以看出，$A[1]$ 的值 3 并不比 key 的值 7 大，因此内部循环终止。正如最后一步得出的，key 的值移动到了 $A[1]$ 的右侧。当然，由于内部循环的第一次迭代会覆盖 $A[i]$，所以我们必须在第 1A 步中将初始时在 $A[i]$ 中的值保存至 key 中。

也有可能内部循环的终止是因为 $j > 0$ 不成立。这种情况会在 key 小于 $A[1..i-1]$ 的所有元素时发生。当 j 变成 0 时，$A[1..i-1]$ 的每个元素均会右移 1 次，因此第 1C 步中 key 值放入 $A[1]$ 中，这正好是我们想要放置的地方。

分析插入排序（INSERTION-SORT）的运行时间，我们发现它比选择排序（SELECTION-SORT）更复杂。SELECTION-SORT 程序的内层循环迭代次数仅仅取决于外层循环的索引 i 而并非元素自身的值。然而，对于 INSERTION-SORT 程序，内层循环的迭代次数取决于外层循环的索引 i 和数组元素值。

当内层循环每次都执行 0 次迭代时，INSERTION-SORT 会出现最好情况。对于每个 i 值，当第一次验证 $A[j] > key$ 时就已经是错误的，此时便为最好情况。换句话说，每次执行第 1B 步时，一定有 $A[i-1] \leqslant A[i]$ 成立。这种情况在什么时候才会发生呢？当且仅当在程序开始时，数组 A 已经是有序的。在这种情况下，外层循环迭代 $n-1$ 次，而外层循环的每次迭代均会花费常量时间，因此 INSERTION-SORT 会花费 $\Theta(n)$ 时间。

当内层循环每次都执行最大次数时，会发生最坏情况。现在判定条件

$A[j]>key$ 每次都为真,且循环一定终止于条件 $j>0$ 被判定为假时。每个元 [38]
素 $A[i]$ 必须扫描比较到数组的最左侧。这种情况在什么时候才会发生呢?
当数组 A 整体为逆序时,即非递增顺序。在这种情况下,外层循环每迭代一
次,内层循环会迭代 $i-1$ 次。由于外层循环随着 i 值变化会从 2 增长到 n,因
此内层循环的迭代次数组成了一个等差数列:

$$1+2+3+\cdots(n-2)+(n-1)$$

这正如我们在选择排序中看到的那样,也是 $\Theta(n^2)$。由于每个内层循环迭代
会花费常量时间,因此最坏情况下插入排序的运行时间是 $\Theta(n^2)$。因此,最坏
情况下,选择排序和插入排序有近似相等的运行时间。

有必要完全弄清楚插入排序的平均运行时间吗?这取决于一个"平均的"
输入看起来是怎样的。如果输入数组中的元素的顺序是随机的,那么对于每
个元素,它比约有一半在它之前的元素要大,比约有一半在它之前的元素要
小,因此每次执行内层循环时,它会近似执行 $(i-1)/2$ 次迭代。相对于最坏
运行时间而言,这会使运行时间减半。但 $1/2$ 仅仅是一个常数因子,因此,
近似情况下,它和最坏情况下的运行时间没有区别,依然是 $\Theta(n^2)$。

当数组开始是"基本有序"时,插入排序是一个绝佳的选择。假定每
个数组元素开始时所处的位置均处于最终排好序的终止位置的 k 步之内。那
么一个给定元素移动的次数,经过内层循环的迭代,至多移动 k 步。因此,
包括所有内层循环迭代,所有元素移动次数至多为 kn 次,这反过来告诉我
们内层循环迭代的总次数最多是 kn 次(由于每个内层循环中每个元素恰好
移动一个位置)。如果 k 是一个常数,那么插入排序总共的运行时间将是
$\Theta(n)$,因为 Θ 符号能把常量因子 k 考虑在内。事实上,我们甚至能够容忍一
些元素在数组中移动很长的距离,只要这样的元素不太多。尤其是,如果 l 个
元素能在数组中任意移动(因此每个这样的元素移动次数能达到 $n-1$ 次),
而剩下的 $n-l$ 个元素最多移动 k 个位置,那么总共的移动次数至多是 $l(n-1)+(n-l)k=(k+l)n-(k+1)l$,如果 k 和 l 都是常量,它也是 $\Theta(n)$。

比较插入排序和选择排序的近似运行时间,我们会看到在最坏情况下,

39 它们是一样的。当数组是基本有序时，插入排序更好些。然而，选择排序较插入排序有以下优点：在任何条件下选择排序都只会移动元素 $\Theta(n)$ 次，而插入排序的元素移动次数可能会达到 $\Theta(n^2)$ 次，这是因为 INSERTION-SORT 每执行一次第 1Bi 步就会移动一次元素。正如我们在选择排序中所指出的那样，如果移动一个元素相当耗时并且你无法确知插入排序的输入是否接近最好情况，那么最好运行选择排序而不是插入排序。

3.4 归并排序

我们的下一个排序算法是归并排序，对于所有情况，它有一个仅仅 $\Theta(n\lg n)$ 的运行时间。当将它的运行时间和选择排序与插入排序的最坏运行时间 $\Theta(n^2)$ 进行比较时，我们仅仅是将 n 这个因子替换成了 $\lg n$ 这个因子。正如我们在第 1 章中所指出的那样，这是一个非常划算的交易。

归并排序与我们已经看到的两种排序算法相比有一些不足。首先，隐含在渐近符号前面的常量因子比另外两个算法的渐近符号前面的常量因子的值大。当然，一旦数组规模 n 变得非常大，那个常量因子也变得没有那么重要了。第二，归并排序不是**原址的**：它必须将整个输入数组进行完全的拷贝。而选择排序和插入排在任何时间仅仅拷贝一个数组项而不是对所有数组项都进行拷贝。如果空间非常宝贵，那么你可能并不会使用归并排序。

我们在归并排序中使用一个被称为**分治法**的通用模式。在分治法中，我们将原问题分解为类似于原问题的子问题，并递归地求解这些子问题，然后再合并这些子问题的解来得出原问题的解。回忆一下，在第 2 章中，为了执行递归操作，每次递归调用必须在同样问题的一个更小的实例上进行，最终会抵达一个基础情况。下面是分治算法的一般概述。

1. **分解**：把一个问题分解为多个子问题，这些子问题是更小实例上的原问题。

2. **解决**：递归地求解子问题。当子问题足够小时，按照基础情况来求解。　40

3. **合并**：把子问题的解合并成原问题的解。

当使用归并排序对书架上的书进行排序时，每个子问题包括对书架上连续位置的书籍的排序。初始时，我们想要对 n 本书进行排序，即从位置 1 到位置 n，但在一般子问题中，我们想要对从位置 p 到位置 r 的书进行排序。下面讲解我们如何应用分治法。

1. **分解**：通过找到位于 p 和 r 中间位置的数字 q 对问题进行分解。正如在二分查找中查找中间点一样，我们进行同样的操作，将 p 和 r 加起来，将该和除以 2，并向下取整。

2. **解决**：对分解步骤得出的两个子问题的书进行递归排序，对从位置 p 到位置 q 的书籍进行递归排序，且对从位置 $q+1$ 到位置 r 的书籍进行递归排序。

3. **合并**：将从位置 p 到 q 的排序好的书籍和从位置 $q+1$ 到 r 的排序好的书籍进行合并，使得从位置 p 到位置 r 的书籍排好序。我们将马上介绍如何合并书籍。

当少于两本书籍需要排序（也就是 $p \geqslant r$）时，基础情况会发生，因为不包含书的书集或者只拥有一本书的书集已经是排好序的。

为了将这个观点转换成对数组进行排序，从位置 p 到位置 r 的书对应于子数组 $A[p..r]$。下面是归并排序程序，它会调用一个程序 MERGE(A, p, q, r)，该程序会将排好序的子数组 $A[p..q]$ 和 $A[q+1..r]$ 合并为单一的排好序的子数组 $A[p..r]$。

程序　MERGE-SORT(A, p, r)

输入：

● A：一个数组。

● p, r：A 的某个子数组的开始索引和末尾索引。

结果：子数组 $A[p..r]$ 中的元素按照非递减顺序排序。

1. 如果 $p \geqslant r$，那么子数组 $A[p..r]$ 至多有一个元素，因此它一定是有序的。无须执行任何操作即可返回。

2. 否则，执行如下操作：

    A. 将 q 赋值为 $\lfloor (p+r)/2 \rfloor$。

    B. 递归调用 MERGE-SORT(A, p, q)。

    C. 递归调用 MERGE-SORT$(A, q+1, r)$。

41

    D. 调用 MERGE(A, p, q, r)。

尽管还不清楚 MERGE 程序是如何运行的，我们先看看 MERGE-SORT 程序运行的一个例子。我们以下面这个数组为例：

1	2	3	4	5	6	7	8	9	10
12	9	3	7	14	11	6	2	10	5

初始调用是 MERGE-SORT$(A, 1, 10)$。第 2A 步计算出 q 为 5，因此第 2B 步和第 2C 步的递归调用是 MERGE-SORT$(A, 1, 5)$ 和 MERGE-SORT$(A, 6, 10)$。

1	2	3	4	5
12	9	3	7	14

6	7	8	9	10
11	6	2	10	5

经过两次递归调用后，这两个子数组排序如下：

1	2	3	4	5
3	7	9	12	14

6	7	8	9	10
2	5	6	10	11

最终，在第 2D 步中调用 MERGE$(A, 1, 5, 10)$ 将两个排好序的子数组归并为一个单一的有序子数组，以下是这种情况下的整个数组：

1	2	3	4	5	6	7	8	9	10
2	3	5	6	7	9	10	11	12	14

如果展开递归，我们会得到以下图像。分叉箭头表明分解步骤，汇聚箭头表明归并步骤。出现在每个子数组上方的变量 p、q 和 r 指每次递归调用过程中对应的索引。斜体数字给出了经过初始调用 MERGE-SORT$(A,$

1，10）后程序调用发生的次序。例如，MERGE(A，1，3，5）是经过初始调用后的第 13 步的调用，MERGE-SORT(A，6，7）是第 16 步的调用。

真正的工作发生在 MERGE 程序中。因此，MERGE 程序不仅必须正确地运行，而且它必须运行很快。如果要归并一个总数为 n 的数组，由于每个元素必须调整至适当位置上，因此我们能设想的最好情况是 $\Theta(n)$ 时间，并且确实能够实现线性-时间的归并。

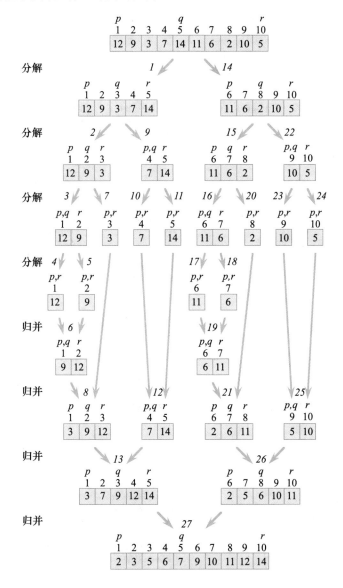

42
⟨
43

继续参考书架那个例子，让我们只观察位于位置 9～14 的那部分书籍。假设已经排列好位置 9～11 的那部分书籍和位置 12～14 的那部分书籍。

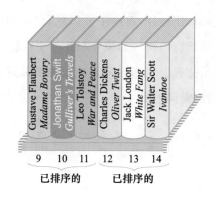

我们将位置 9～11 的书籍组成一个堆，把按照字母排序作者名字排在最前面的书籍放在顶侧，并且对位置 12～14 的书籍按照相同的规则进行操作，制作成另外一个堆：

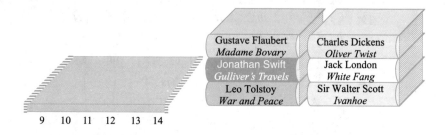

因为这两个堆都已经排好序了，因此那本应该放置在位置 9 的书籍一定是这两个堆顶侧书籍中的一个：Gustave Flaubert 或者 Charles Dickens 写的书籍。根据作者名字的字典序，Dickens 写的书籍应该排在 Flaubert 写的书籍的前面，因此我们将 Dickens 写的书籍移动到位置 9 处：

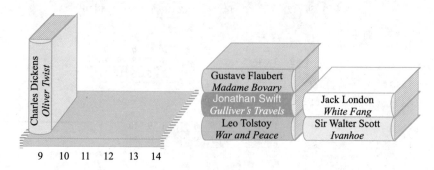

把 Dickens 所写的书籍放置在位置 9 后，放置在位置 10 处的书籍或者是置于第一个堆顶侧的书籍（即由 Flaubert 所写的书籍），或者是当前第二个堆的顶侧的书籍（即由 Jack London 所写的书籍）。同理，我们将由 Flaubert 所写的书籍移动至位置 10 处：

44

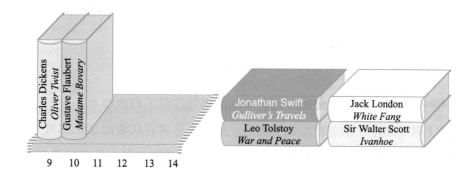

下一步，我们比较位于当前两个堆顶侧的书籍，即由 Jonathan Swift 和 London 所写的书籍，并且将 London 所写的书籍移动至位置 11 处。这导致 Sir Walter Scott 所写的书籍位于右边堆的顶侧，将它与 Swift 所写的书籍进行比较，我们将 Scott 所写的书籍移动到位置 12 处。此时，右边那个堆便为空：

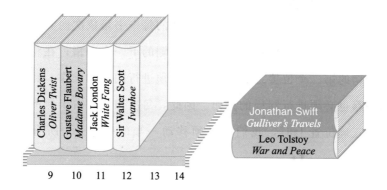

剩下的操作是将位于左侧堆的书籍按序放到余下的位置处。现在位于位置 9~14 的所有书籍是已排序的：

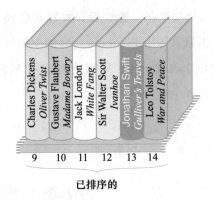

已排序的

这个归并程序的效率如何呢？我们对每本书均进行了两次移动：一次是从书架上取下来并且将它放入一个堆上，另一次是将它从堆的顶侧移回到书架上。而且，每当决定将哪本书移回书架上时，我们仅仅需要比较两本书：那些在堆顶侧的书籍。因此，为了合并 n 本书籍，我们移动了 $2n$ 次并且对成对的书籍至多比较 n 次。

为什么要将书籍从书架上移动下来呢？要是将书籍保留在书架上，仅仅记录下哪本书已经放置在了书架上的正确位置上，哪本书并没有放置在正确的位置上呢？那可能会导致更多的工作。例如，假定右半侧的每本书都应该出现在左半侧的每本书之前。在将右半侧的第一本书移动到左半侧的第一个位置之前时，我们必须将左半侧的每本书籍依次向右移动一个位置以腾出空间。并且之后对于出现在右半侧的下一个书籍，在将它移动到左半侧书籍的第二个位置之前，我们也必须进行同样的操作。针对右半侧的其余书籍也必须进行同样的操作。因此，每次想要将右半侧的一本书放置在它的正确位置上时，我们将必须移动一半的书籍——所有左半侧的书籍。

上述论据证明了我们为什么不进行原址归并。$^{\ominus}$下面回到如何将排好序的子数组 $A[p..q]$ 和 $A[q+1..r]$ 归并为 $A[p..r]$ 的问题上。我们首先

45

$\ominus$ 实际上，可以在线性时间内实现原址归并，但是实现该程序相当复杂。

将数组 A 中要归并的元素拷贝到临时数组中，随后将临时数组中的元素再归并到数组 A 中。令 $n_1 = q - p + 1$ 是数组 $A[p..q]$ 中的元素数目，且 $n_2 = r - q$ 是数组 $A[q+1..r]$ 中的元素数目。我们创建包含 n_1 个元素的临时数组 B 和包含 n_2 个元素的数组 C，并且按序将数组 $A[p..q]$ 中的元素拷贝至 B 中，同样地，我们按序将数组 $A[q+1..r]$ 中的元素拷贝至 C 中。现在重新将这些元素归并到 $A[p..r]$ 中而不用担心覆盖它们仅有的备份。

我们像归并书籍一样归并数组元素。将数组 B 和数组 C 中的元素重新拷贝至子数组 $A[p..r]$ 中，记录当前数组 B 和 C 中还没有被拷贝到 A 的值的最小元素的索引，然后将其中较小的元素拷贝到数组 A。我们能够在常量时间内断定两个元素中哪个元素较小，并将它拷贝至 $A[p..r]$ 中的正确位置上，并更新元素的索引。

最终，其中一个数组的所有元素均拷贝至 $A[p..r]$ 中。这也意味着只剩下一个书堆。为了避免每次检查是否其中一个数组已经为空，我们使用以下技巧：在数组 B 和 C 的最右侧放置一个大于任意元素的值。想起我们在第 2 章的 SENTINEL-LINEAR-SEARCH 中所使用的标记技巧了吗？是的，这一思路是类似的。这里，我们使用∞（无穷）作为标记的排序关键字，以便当一个带有∞的关键字是该数组中剩余的最小元素时，它确保了"无须"检查哪个数组有更小的剩余元素。⊖一旦来自数组 B 和 C 的所有元素全部拷贝完成，这时两个数组均以它们的标记作为最小剩余元素。但是此时没有必要比较标记大小，因为到那时我们已将所有的"真实"元素（非哨兵元素）拷贝至 $A[p..r]$。由于我们提前知道会将所有元素拷贝～ $A[p]$ 到 $A[r]$ 中，当将一个元素拷贝至 $A[r]$ 时，我们就结束操作。因此，我们仅仅需要在 A 的索引上运行一个从 p 到 r 的循环即可。

⊖ 实际上，我们可以令∞取任意一个比所有排序关键字大的值。例如，如果排序关键字是作者名字，那么∞可以取 ZZZZ——当然，假定真实的作者名字中不会取 ZZZZ 这个值。

以下是归并程序（MERGE）。虽然看起来很长，但是它刚好采用了上面介绍的方法。

程序 MERGE(A，p，q，r)

输入：

- A：一个数组。

- p，q，r：关于数组 A 的索引。假定每个子数组 $A[p..q]$ 和 $A[q+1..r]$ 均是有序的。

结果： 子数组 $A[p..r]$ 包含初始时刻在 $A[p..q]$ 和 $A[q+1..r]$ 中的元素，但是现在整个数组 $A[p..r]$ 是有序数组。

1. 令 n_1 取 $q-p+1$，n_2 取 $r-q$。

2. 令 $B[1..n_1+1]$ 以及 $C[1..n_2+1]$ 为两个新数组。

3. 将 $A[p..q]$ 中的元素依次拷贝到 $B[1..n_1]$ 中，将 $A[q+1..r]$ 的元素依次拷贝到 $C[1..n_2]$ 中。

4. 令 $B[n_1+1]$ 以及 $C[n_2+1]$ 分别取 ∞。

5. 令 i 和 j 均取 1。

6. 令 k 从 p 到 r 依次取值：

    A. 如果 $B[i] \leqslant C[j]$，那么 $A[k]$ 被赋值为 $B[i]$，同时将 i 自增 1。

    B. 否则（$B[i]>C[j]$），$A[k]$ 被赋值为 $C[j]$，同时将 j 自增 1。

经过步骤1~4，实现了对数组 B 和 C 的赋值操作，将 $A[p..q]$ 拷贝至 B 且将 $A[q+1..r]$ 拷贝至 C，并且将标记插入到这些数组中，在第6步的主循环的每次迭代中，将最小的剩余元素拷贝至 $A[p..r]$ 的下一位置上，一旦它将 B 和 C 中的所有元素拷贝完毕就终止。在这个循环迭代中，i 指向 B 中最小的剩余元素，j 指向 C 中最小的剩余元素，k 指向 A 中的元素要拷贝的位置。

如果要将 n 个元素合并在一起（以便 $n = n_1 + n_2$），将元素拷贝至数组 B 和 C 中会花费 $\Theta(n)$ 时间，将每个元素又拷贝回 $A[p..r]$ 需要花费常量时间，因此全部的归并操作仅仅需要 $\Theta(n)$ 时间。

我们之前宣称整个归并-操作算法需花费 $\Theta(n\lg n)$ 时间。我们做最简单的假定，即数组大小 n 是 2 的幂，以便每次分解数组时，子数组大小是相等的。（一般而言，n 可能不是 2 的幂且在一个给定递归调用中，子数组大小可能是不相等的。如果考虑这些，则需要一个严格的分析证明，此时我们不考虑这些细节。）

我们对归并排序进行如下分析。假定排序一个包含 n 个元素的子数组需要花费 $T(n)$ 时间，它是一个随着 n 增加的函数（假定排序更多的元素会花费更长的时间）。时间 $T(n)$ 来自分治模式的三个部分所耗费时间的累加和：

1. 分解花费常量时间，因为它只计算了索引 q。

2. 解决包括关于两个子数组的递归调用，每个子数组有 $n/2$ 个元素。现在我们定义了排序一个子数组的时间，每个子数组的递归调用需花费 $T(n/2)$ 时间。

3. 通过合并排序好的子数组来合并这两个递归调用的结果需要花费 $\Theta(n)$ 的时间。

因为与合并操作所需的 $\Theta(n)$ 时间相比，分解所需花费的常量时间是一个低阶项，因此可以将分解时间并入合并时间，并称分解和合并一共花费 $\Theta(n)$ 的时间。解决步骤花费 $T(n/2) + T(n/2)$ 时间，即 $2T(n/2)$ 时间。现在我们对 $T(n)$ 写一个等式：

$$T(n) = 2T(n/2) + f(n)$$

其中 $f(n)$ 代表分解和合并操作所花费的时间，如我们刚刚得出的，分解和合并操作共花费的时间是 $\Theta(n)$。在算法学习过程中的一个常见做　　48

法是对等式进行近似且将我们所不关心的内容归结为一个函数，因此将该等式重写为

$$T(n) = 2T(n/2) + \Theta(n)$$

等一下！这里似乎存在一些缺陷。我们已经定义了函数 T，它用来描述类似的归并排序的运行时间！我们称这样一个等式为一个**递归式**，或者称为一个**递归**。问题是我们想将 $T(n)$ 表达为非递归形式，也就是说，表示成并不关于它本身的一个函数。将一个表示成递归形式的函数转化为非递归形式可能是一个瓶颈，但是对于相当一大类递归式我们能运用一个被称为"主方法"的标准化方法。主方法适用于许多形为 $T(n)=aT(n/b)+f(n)$ 的递归（但并非所有），其中 a 和 b 是正整数。幸运的是，它适合于我们的归并排序递归，并且给出了结果，$T(n)$ 为 $\Theta(n\lg n)$。

该 $\Theta(n\lg n)$ 的运行时间适合于归并排序的所有情况——最好情况、最坏情况和介于这两个情况之间的所有情况。每个元素均被拷贝了 $\Theta(\lg n)$ 次。你能从 MERGE 方法中看到，当它以 $p=1$ 和 $r=n$ 被调用时，它会对所有的 n 个元素进行拷贝，因此归并排序一定不是原址的。

3.5　快速排序

像归并排序那样，快速排序也使用分治模式（因此也使用递归）。然而，快速排序与归并排序所使用的分治法稍微有点不同。与归并排序相比，存在两个不同之处：

- 快速排序按照原址工作。

- 快速排序的渐近运行时间介于最坏情况和平均情况之间。尤其是，快速排序的最坏运行时间是 $\Theta(n^2)$，但是它的平均情况下的运行时间要更好一些：$\Theta(n\lg n)$。

快速排序也有好的常数因子（比归并排序更好一些），并且它通常是实践中的一个好的排序算法。

这里是快速排序使用分治法的过程。再一次考虑对书架上的书进行排序的例子。就像归并排序一样，最初我们考虑对位置从 1～n 的所有书进行排序，接着考虑更一般的情况：对位置从 p～r 的书进行排序。

1. **分解**：首先选择位置在 p～r 之间的任意一本书，并称这本书为**主元**。对书架上的书进行重排以便排序在主元的作者名字之前的所有书籍或者是由同一个作者书写的书籍均放置在主元的左侧，排序在主元的作者名字之后的所有书籍均放置在主元的右侧。

在这个例子中，我们在重排从位置 9～15 的所有书籍时，选择最右侧的书籍，即选择由 Jack London 所写的书籍作为主元：

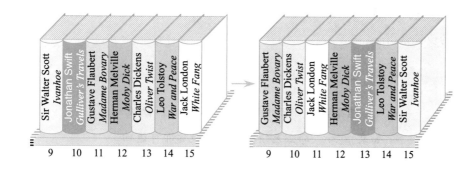

经过重排后——我们称之为快速排序中的**划分**——由 Flaubert 和 Dickens 所写的书籍，即按照字母排序出现在 London 之前的，被放置在 London 所写的书籍的左侧，而其他的书籍，即按照字母排序出现在 London 之后的书籍，被放置在 London 所写的书籍的右侧。注意，划分后，被放置在 London 左侧的书籍是无序的，London 右侧的书籍也是无序的。

2. **解决**：通过递归地对主元左侧的和右侧的书籍进行排序来求解子问题。也就是说，如果分解步骤将主元移动到位置 q（例子中的位置 11），随后就会递归地对从位置 p～位置 $q-1$ 的书籍进行排序，同时递归地对从位置 $q+1$～位置 r 的书籍进行排序。

3. **合并**：什么也不用做！一旦解决步骤递归地排序完成后，我们就完成任务了。为什么呢？所有在主元左侧的书籍（位于位置 p～位置 q 的书籍）要么按照字母顺序均位于主元的前面，要么与主元有相同的作者，且已排好序，而所有在主元右侧的书籍（位于位置 $q+1$～位置 r 的书籍）按照字母顺序均位于主元的后面，且已排好序。因此，从位置 p～位置 r 的所有元素肯定是已经排好序了！

如果将该书架改成数组并且将书籍改成数组元素，依然可以采用快速排序的策略。就像归并排序一样，当待排序的子数组的元素数目少于两个时，基础情况就会发生。

对于快速排序，假定我们调用了程序 PARTITION(A, p, r)，而 PARTITION(A, p, r) 用于划分子数组 $A[p..r]$，且返回主元最终应放置的位置索引 q。

> **程序**　QUICKSORT(A, p, r)
>
> **输入、结果**：与 MERGE-SORT 的输入、结果相同。
>
> 1. 如果 $p \geqslant r$，那么无须执行任何操作即可返回。
>
> 2. 否则，执行如下操作：
>
>   A. 调用 PARTITION(A, p, r)，令 q 被赋值为 PARTITION(A, p, r) 的返回值。
>
>   B. 递归调用 QUICKSORT$(A, p, q-1)$。
>
>   C. 递归调用 QUICKSORT$(A, q+1, r)$。

最初的调用是 QUICKSORT$(A, 1, n)$，这与归并排序 MERGE-SORT 程序类似。如下是递归如何展开的例子，其中每个子数组的索引 p、q 和 r（其中 $p \leqslant r$）表示如下：

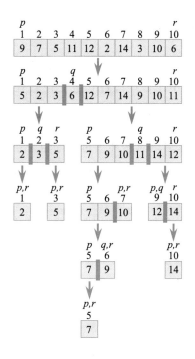

在数组每一位的最底端的值给出了最终要存储在该位置的元素。当你从左向右读入数组时，观察在每个位置处的值，你能看出数组确实是有序的。

快速排序的关键是划分数组。就像能在 $\Theta(n)$ 时间归并 n 个元素一样，我们也能在 $\Theta(n)$ 时间划分 n 个元素。下面介绍如何将书架上位于位置 $p\sim r$ 的书籍进行划分。选择集合中最右侧的书籍——在位置 r 处的书籍——作为主元。任意时刻，每本书将被精确地划分到这四个组的一个组中，且这些组均位于位置 $p\sim r$ 之间，从左到右依次是：

- 组 L（左侧组）：这些书籍的作者名字按照字母排序出现在主元之前或者跟主元的作者名字一致。

- 组 R（右侧组）：排在组 L 之后，这些书籍的作者名字按照字母排序出现在主元之后。

- 组 U（未知组）：排在组 R 之后，这些书籍还没有检查，因此不知道它们的作者名字与主元的作者名字相比，排序如何。

● 组 P（主元）：排在组 U 之后，仅仅一本书，即主元。

我们自左向右仔细检查组 U 中的书籍，将它与主元进行比较，并将它移动到组 L 中或者组 R 中，一旦检查到主元位置处，即终止所有操作。与主元进行比较的书籍始终是组 U 中最左侧的书籍。

● 如果这个书籍的作者名字按照字母排序位于主元的作者名字之后，那么这本书就成为组 R 中最右侧的书籍。由于这本书是组 U 中最左侧的书籍，并且组 U 紧跟在组 R 之后，我们仅仅需要将介于组 R 和组 U 之间的分割线向右移动一个位置，而无须移动其余任何书籍：

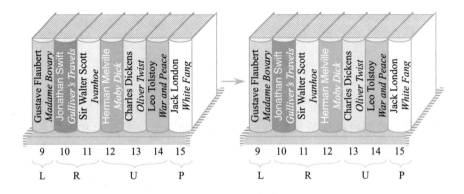

● 如果书籍的作者名字按照字母排序在主元的作者名字之前，或者等于主元的作者名字，那么我们就将这本书置为组 L 中最右侧的书籍。我们将它与组 R 中最左侧的书籍进行调换，并且将组 L 和组 R 之间的分割线向右移动一个位置，将组 R 和组 U 之间的分割线向右移动一个位置：

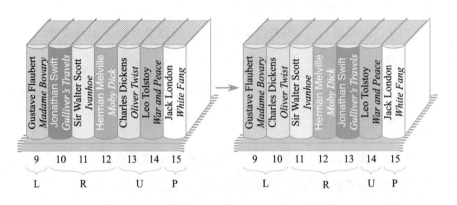

一旦判定到主元位置,我们将它与组 R 中最左侧的书籍进行调换。在我们这个例子中,我们在本节刚开始时显示了书籍的调整情况。

我们将每本书与主元比较一次,当书籍的作者名字位于主元作者名字之前或者是等于主元的作者名字就会产生一次调换。因此,为了对 n 本书进行划分,我们至多进行 $n-1$ 次比较(由于无需将主元和它本身比较)并且至多进行 n 次调换。注意,与归并排序不同,快速排序时我们能对书籍进行划分而无须将所有书籍从书架上取下来。也就是说,我们能对书籍进行原址划分。

为了将划分书籍的操作转换成划分一个子数组 $A[p..r]$ 的操作,我们首先选择将 $A[r]$(最右侧的书籍)作为主元。随后自左向右仔细检查子数组,将每个元素与主元进行比较。我们维持用于划分子数组的索引 q 和 u 如下:

- 子数组 $A[p..q-1]$ 对应着组 L:每个元素小于或者等于主元。

- 子数组 $A[q..u-1]$ 对应着组 R:每个元素均大于主元。

- 子数组 $A[u..r-1]$ 对应着组 U:我们还不知道它们和主元的大小情况。

- 元素 $A[r]$ 对应着组 P:该位置上放置着主元。

实际上,这一划分就是循环不变式。(我们不再证明。)　

在每一步中,我们将组 U 中最左侧的元素 $A[u]$ 和主元进行比较。如果 $A[u]$ 比主元大,那么将 u 自增一来将组 R 和组 U 之前的分割线向右移动一个位置。如果反之,$A[u]$ 小于或者等于主元,那么将元素 $A[q]$(组 R 中的最左侧元素)和 $A[u]$ 进行调换,且分别将 q 和 u 自增 1,这相当于将组 L 和组 R 之间的分割线以及组 R 和组 U 之间的分割线分别向右移动一个位置。PARTITION 程序如下。

> **程序** PARTITION(A, p, r)
>
> **输入**：与 MERGE-SORT 的输入相同。
>
> **结果**：重排 $A[p..r]$ 中的元素以便 $A[p..q-1]$ 中的元素均小于等于 $A[q]$ 的值，同时令 $A[q+1..r]$ 中的元素均大于 $A[q]$ 的值。将索引 q 返回给调用者。
>
> 1. 令 q 取 p。
> 2. 令 u 从 $p \sim r-1$ 依次取值：
>   A. 如果 $A[u] \leqslant A[r]$，那么交换 $A[q]$ 和 $A[u]$ 的值，再将 q 自增 1。
> 3. 交换 $A[q]$ 与 $A[r]$ 的值，返回 q。

初始时刻，将 q 和 u 均赋值为 p，组 L($A[p..q-1]$) 和组 R($A[q..u-1]$) 最初时均为空，且组 U($A[u..r-1]$) 包含除了主元之外的所有元素。在一些实例中，例如 $A[p] \leqslant A[r]$，会出现一个元素需要与它本身进行调换的情况，这个操作实际上对数组没有任何影响。第 3 步结束时会将主元元素和组 R 中最左侧的元素进行调换，因此会将主元移动到划分后的数组的正确位置上，并且随后会返回主元所在的新索引位置 q。

下面解释 PARTITION 程序是如何在子数组 $A[5..10]$ 上一步一步运行的，该数组是上面快速排序的例子里第一次划分得到的子数组。组 U 以白色表示，组 L 以浅蓝色表示，组 R 以深蓝色表示，组 P（即主元）以最深的蓝色表示。下图的第一个序列表示了最初的数组和相应的索引，接下来的五步表示每次经过程序中第 2 步循环迭代后所得的序列（包括在每次迭代后将 u 自增 1 这一步骤），且最后一步得出了最终划分好的数组。

就像划分书籍一样，我们依次将每个元素和主元比较一次，并且每次比较中，我们至多进行一次调换。由于每次比较需花费常量时间，并且每次调换需要花费常量时间，因此对于具有 n 个元素的子数组进行 PARTITION 操作所需要的总时间是 $\Theta(n)$。

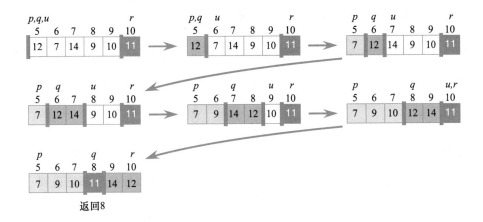

返回8

　　那么 QUICKSORT 程序需要花费多长时间呢？就像归并排序一样，我们称对一个具有 n 个元素的子数组进行排序需要的时间为 $T(n)$，即一个随着 n 增加而增长的函数。由 PARTITION 程序执行的分解操作需要花费 $\Theta(n)$ 时间。但是 QUICKSORT 所花费的时间依赖于划分操作得到的结果是否均匀。

　　在最坏情况下，划分得到的大小是相当不平衡的。如果除了主元之外的所有元素均小于主元，那么 PARTITION 的结果是得到除去 $A[r]$ 这个主元的剩余部分，且 QUICKSORT 最终会返回存储在变量 q 中的索引 r 值。这种情况下，$A[q+1..r]$ 是空的，且 $A[p..q-1]$ 仅仅比 $A[p..r]$ 少一个元素。对空的子数组进行递归调用需要花费 $\Theta(1)$ 时间（即在第 1 步中进行调用和判定子数组是否为空时所花费的时间）。对于划分，我们可将 $\Theta(1)$ 并入 $\Theta(n)$ 时间内。但是如果 $A[p..r]$ 有 n 个元素，那么 $A[p..q-1]$ 有 $n-1$ 个元素，因此对于 $A[p..q-1]$ 进行递归调用需要花费 $T(n-1)$ 的时间。因此，我们得到递归式

$$T(n) = T(n-1) + \Theta(n)$$

　　我们无法利用主方法来计算这一递归式，但是它有解，即 $T(n)$ 为 $\Theta(n^2)$。这并不比选择排序更好一些！我们怎么会得到如此不均匀的划分呢？如果每一主元均比所有的其他元素大，那么虽然数组在开始时就已经是有序的了，但是会得到一个不均匀的划分。如果数组初始时刻为逆序的，

那么每次我们也会得到一个不均匀的划分。

另一方面，如果每次我们都能得到一个均匀的划分，那么每个子数组将最多有 $n/2$ 个元素。递归式将和 3.4 节最后针对归并排序的递归式一致，

$$T(n) = 2T(n/2) + \Theta(n)$$

采用同样的解法，$T(n)$ 是 $\Theta(n\lg n)$。当然，如果遇到这种情况，我们是相当幸运的，或者我们也可以将输入数组进行特殊设计以使每次都能得到一个相对均匀的划分。

在通常情况下，快速排序介于最好和最坏情况之间。理论分析过于烦琐，此时不一一推导证明，但是如果输入数组的元素随机产生，那么通常而言我们会得到一个相对均匀的划分，即 QUICKSORT 程序会花费 $\Theta(n\lg n)$ 的运行时间。

现在大胆设想一下。假定你的最大的敌人给你一个待排序的数组，并且已经知道你总是选择子数组的最后一个元素作为主元，且调整了数组的顺序以便你每次都会得到最坏情况下的划分。你会怎么对付你的敌人呢？这时，你可以首先判定初始数组是否为正序或者逆序，并在这种情况下做一些特殊处理。随后你的敌人可能再次将你的数组设计为每次都得到最坏情况下的划分，而不是偶尔是坏的划分。此时，你就不想对每种可能的坏的划分情况进行检查了。

幸运的是，这里有一个更简单的解决方案：不要总是将最后一个元素选作主元。那么前述的可爱的 PARTITION 程序将不适合这种情况，因为各个组不再如假定的一样。这或许也不是个难题，在运行 PARTITION 程序之前，将 $A[r]$ 和 $A[p..r]$ 中那个被随机选定的元素进行调换即可。现在你已经随机选择了主元且能够继续执行该 PARTITION 程序。

事实上，再稍稍努力，你将更容易得到一个接近均匀划分的情况。我们不再是从 $A[p..r]$ 中随机选取一个元素作为主元，而是从 $A[p..r]$ 中随机选

取三个元素并将这三个元素的中位数和 $A[r]$ 调换顺序。这里的中位数是指值介于另外两个元素之间的那个元素。（如果随机选择的元素中有两个或者更多的元素相等，那么我们会再随机地选择元素以消除这种情况。）再者，我不想让你面临这种情况，但是倘若你每次因选择随机元素而使得 QUICK-SORT 花费比 $\Theta(n\lg n)$ 更长的时间，你将是相当不幸的。而且，如果待排序的值都不同，那么除非你的敌人已经获取了你的随机数字产生器，否则你的敌人是无法控制你划分结果的均匀程度的。

56

QUICKSORT 需要将元素调换多少次？那依赖于你是否将某元素"调换"至它本身的位置（即原地调整）看作一次调换。你当然能够检查是否存在这种情况，并且如果存在的话，要避免这一调换。因此当且仅当一个元素确实因调换操作在数组中移动了位置，即 PARTITION 操作中当第 2A 步中 $q\ne u$ 或者当第 3 步中 $q\ne r$ 成立时，才被称作一次调换。最少化调换次数的最好情况也是 QUICKSORT 渐近时间的一个最坏情况：当数组已经是有序时，那么没有调换操作发生。调换次数最多时等价于当 n 为偶数且数组类似于 n，$n-2$，$n-4$，…，4，2，1，3，5，…，$n-3$，$n-1$。那么会产生 $n^2/4$ 次调换，且渐近运行时间也仍然是最坏情况 $\Theta(n^2)$。

3.6 小结

在本章和上一章中，我们已经看到了关于查找的 4 个算法和关于排序的 4 个算法。我们将它们的特性总结在以下两个表中。因为第 2 章的 3 个查找算法仅仅是关于同一个题目的变形，我们将 BETTER-LINEAR-SEARCH 或 SENTINEL-LINEAR-SEARCH 作为线性查找的代表均可。

查找算法

算法	最坏情况下运行时间	最好情况下运行时间	需要保证是有序数组吗？
线性查找	$\Theta(n)$	$\Theta(1)$	否
二分查找	$\Theta(\lg n)$	$\Theta(1)$	是

排序算法

算法	最坏情况下运行时间	最好情况下运行时间	最坏情况下交换次数	是否原址?
选择排序	$\Theta(n^2)$	$\Theta(n^2)$	$\Theta(n)$	是
插入排序	$\Theta(n^2)$	$\Theta(n)$	$\Theta(n^2)$	是
归并排序	$\Theta(n\lg n)$	$\Theta(n\lg n)$	$\Theta(n\lg n)$	否
快速排序	$\Theta(n^2)$	$\Theta(n\lg n)$	$\Theta(n^2)$	是

这两个表中没有显示平均情况下的运行时间，因为除了典型的快速排序外，其他算法的平均情况下的运行时间均与最坏情况下的运行时间一致。我们已经学习了，当数组元素按顺序随机产生时，快速排序平均情况下的运行时间仅仅是 $\Theta(n\lg n)$。

57

这些排序算法在实际中进行对比的结果如何呢？我用 C++ 将这些算法编写为程序，并且采取每 4 字节为一整数的数组存储，分别在两个不同的机器上运行了程序：一个机器是我的 MacBook Pro（在这个机器上，我写了这本书），处理器为 2.4 GHz Intel Core 2 Duo，内存为 4 GB，系统为 Mac OS 10.6.8；另一个机器是一个 Dell PC（我的网络服务器），处理器为 3.2 GHz Intel Pentium 4，内存为 1 GB，系统为 Linux version 2.6.22.14。我使用 g++ 和 optimization level－O3 来编译代码。我在规模可达到 50 000 的数组上运行算法，且每个数组初始时均为逆序。针对每个规模的数组，我对每个算法运行 20 次，并计算出平均运行时间。

通过初始时将每个数组设为逆序，我抽取了插入排序和快速排序在最坏情况下的近似运行时间。因此，我运行了两个版本的快速排序："普通"快速排序，它总是将子数组 $A[p..r]$ 的最后一个元素 $A[r]$ 被划分得到的位置元素作为主元，而随机快速排序总是在划分之前，将 $A[p..r]$ 中随机选择的元素和 $A[r]$ 进行调换。（此时我没有运行取 3 个数的中位数作为主元的方法。）"普通"快速排序这一版本因为没有采取随机化也被称为**确定的**快速排序。它所执行的一系列操作在给定待排序的输入数组时均已经是预先确定的。

当满足 $n \geqslant 64$ 时，在这两个计算机上，随机快速排序均是冠军。以下是针对不同输入规模，其他算法相对于随机快速排序算法的运行时间的比率。

MacBook Pro

算法	50	100	500	1 000	5 000	10 000	50 000
选择排序	1.34	2.13	8.04	13.31	59.07	114.24	537.42
插入排序	1.08	2.02	6.15	11.35	51.86	100.38	474.29
归并排序	7.58	7.64	6.93	6.87	6.35	6.20	6.27
确定的快速排序	1.02	1.63	6.09	11.51	52.02	100.57	475.34

Dell PC

算法	50	100	500	1 000	5 000	10 000	50 000
选择排序	0.76	1.60	5.46	12.23	52.03	100.79	496.94
插入排序	1.01	1.66	7.68	13.90	68.34	136.20	626.44
归并排序	3.21	3.38	3.57	3.33	3.36	3.37	3.15
确定的快速排序	1.12	1.37	6.52	9.30	47.60	97.45	466.83

随机快速排序算法看起来很好，但是我们能够超越它。回忆一下，当所有数组中的元素均不需移动太远距离时，插入排序的运行效果很好。一旦递归算法中子问题的规模降低到某个大小 k 时，每个元素的移动距离均不会超过 $k-1$。因此当子问题规模变小时，我们并不需继续递归调用随机快速排序，反之可适当地更改排序子数组的算法而非运行整个数组的算法，例如在子数组上，我们运行插入排序会发生什么呢？确实，使用这样一种杂交方法，我们能够得到一个比随机快速排序更快速的排序算法。我发现在 MacBook Pro 上，子数组规模为 22 是最佳的交叉点，而在 Dell PC 上，子数组规模为 17 时是最佳的交叉点。以下是针对同一问题规模，在两个计算机上运行杂交算法相对于随机快速排序算法的运行时间的比率：

机器	50	100	500	1 000	5 000	10 000	50 000
MacBook Pro	0.55	0.56	0.60	0.60	0.62	0.63	0.66
Dell PC	0.53	0.58	0.60	0.58	0.60	0.64	0.64

58

对于排序算法，是否有可能超越 $\Theta(n\lg n)$ 的运行时间呢？这取决于具体情况。我们将在第 4 章看到如果只可以通过比较元素来确定数组中元素的位置，且执行其他操作均需以排序比较的结果为基础，那么答案是不能，我们不可能超越 $\Theta(n\lg n)$ 的运行时间。但是如果知道关于这些元素的一些特性，我们就可以得到更短的运行时间。

3.7 拓展阅读

《算法导论》[CLRS09] 涵盖了插入排序、归并排序，以及确定快速排序和随机快速排序算法。但是关于排序和查找的权威书籍依然是 Knuth 的《计算机程序设计艺术》第 3 卷 [Knu98b]；第 1 章所提及的建议也适用于这一章内容——《计算机程序设计艺术》做出了非常深奥的研究。

59

排序算法的下界和如何超越下界

在前面的章节中，我们看到了对 n 个元素的数组进行排序的 4 个算法。其中的 2 个算法，选择排序和插入排序，最坏情况下的运行时间是 $\Theta(n^2)$，这并不是很好。另一个算法，快速排序，最坏情况下的运行时间也是 $\Theta(n^2)$，但是平均情况下仅仅会花费 $\Theta(n\lg n)$ 时间。归并排序在任何情况下所花费的时间均是 $\Theta(n\lg n)$。实际上，快速排序是这 4 个算法中最快的一个，但是如果必须要避免最坏情况的发生，你一定会选择归并排序。

$\Theta(n\lg n)$ 是能得到的最好情况吗？能否设计出一个可在最坏情况下超越 $\Theta(n\lg n)$ 运行时间的算法？答案取决于游戏的规则：在确定排序顺序时，排序算法是如何允许使用排序关键字的？

在这一章中，我们将看到在一些特定规则下，我们不能超越 $\Theta(n\lg n)$。随后我们看到了两个排序算法，计数排序和基数排序打破了规则的约束，仅仅在 $\Theta(n)$ 时间内就能实现对数组的排序。

4.1 基于排序的规则

如果回忆前一章的 4 个算法是如何使用排序关键字的，你将看到它们在确定排序顺序时仅仅依赖于对排序关键字对进行的比较。它们确定决策时的依据均是"如果这个元素的排序关键字比另一个元素的排序关键字小，那么就进行相应操作，否则，进行其他操作或者什么也不做。"你可能会认为一个排序算法可能仅仅能制定这种形式的决策；除此之外，一个排序算法还可能做出什么样的决策依据呢？

为了得出其他形式的可采取的决策，让我们先看一个相对简单的例子。假定我们知道待排序的元素的两个特点：每一个排序关键字是 1 或者是 2，并且元素仅仅包含排序关键字——不包括卫星数据。在这个简单例子中，我们能在 $\Theta(n)$ 时间内实现对 n 个元素的排序，这超越了前面章节中运行时间为 $\Theta(n\lg n)$ 的算法。如何能在 $\Theta(n)$ 时间内实现对 n 个元素的排序呢？首先，仔细检查每个元素并且统计出元素值为 1 的元素数目；假定有 k 个元素的值为 1。随后我们仔细检查该数组，将值 1 填充到前 k 个位置上，并且将值 2 填充到最后的 $n-k$ 个位置上。如下是该程序。

60

程序 REALLY-SIMPLE-SORT(A, n)

输入：

● A：一个数组（数组元素或者是 1 或者是 2）。

● n：待排序的数组 A 中的元素个数。

结果： 数组 A 中的元素按照非递减顺序排序。

1. 将 k 赋值为 0。

2. 令 i 从 1 到 n 依次取值：

　　A. 如果 $A[i]=1$，那么将 k 自增 1。

3. 令 i 从 1 到 k 依次取值：

　　A. 将 $A[i]$ 赋值为 1。

4. 令 i 从 $k+1$ 到 n 依次取值：

    A. 将 $A[i]$ 赋值为 2。

第 1 步和第 2 步统计值为 1 的数目，对于每个 $A[i]$ 等于 1 的元素，我们均将 k 值自增 1。第 3 步将 $A[1..k]$ 位置填充为 1，第 4 步将剩余位置，即 $A[k+1..n]$ 位置填充为 2。很容易看出该程序能够在 $\Theta(n)$ 时间内运行完成：第一个循环迭代了 n 次，剩余的两个循环一共迭代运行了 n 次，并且每个循环的每次迭代均会花费常量时间。

注意，REALLY-SIMPLE-SORT 程序从不会对两个数组元素进行比较。它将每个数组元素与值 1 进行比较，但是从来不会将它与另外一个数组元素进行比较。因此你看到在严格限制情况下，无须比较成对的排序关键字就能完成对数组的排序。

4.2　基于比较排序的下界

既然你明白了可以更改游戏规则，现在让我们看看能达到的排序下界。

我们将**比较排序**（comparison sort）定义为仅仅通过比较元素对来确定排序顺序。上一章中的 4 个排序算法均是比较排序，但是 REALLY-SIMPLE-SORT 不是基于比较排序的。

下面比较排序的下界：

在最坏情况下，任何针对 n 元素的比较排序算法均需对元素对比较 $\Omega(n\lg n)$ 次。

回顾一下，Ω 符号给出了下界，因此我们称"对于任意大的 n，任何比较排序算法在最坏情况下至少需要 $cn\lg n$ 次比较操作（对于某个常量 c 成立）。"由于每次比较至少需要花费常量时间，对于 n 个元素的基于比较的排序操作，我们能得出一个时间为 $\Omega(n\lg n)$ 的下界。

关于这个下界，明白以下几点很重要。其一，它仅仅指最坏情况。你总能在最好情况下实现一个线性时间的排序算法：最好情况是指当数组已经是有序时，你仅仅需要检查是否每个元素（除了最后一个元素之外）均小于或者等于数组中该元素的后继。这很容易在 $\Theta(n)$ 时间内实现，如果你发现每个元素均小于或者等于它的后继，那么你的工作就完成了。然而，在最坏情况下，该排序必定需要 $\Omega(n\lg n)$ 次比较操作。我们称这一下界为**存在的**（existential）下界，因为它意味着存在一个需要进行 $\Omega(n\lg n)$ 次比较操作的输入。另一种类型的下界是一个**通用的**（universal）下界，它表示适用于所有情况的输入。对于排序，我们能得到的通用下界是 $\Omega(n)$，因为我们至少需要对每个元素检查一遍。注意，在上一个句子中，我没有说到任何有关 $\Omega(n)$ 的事。$\Omega(n)$ 代表 $\Omega(n)$ 次比较还是 $\Omega(n)$ 时间呢？我的意思是 $\Omega(n)$ 时间，因为我们必须对每个元素检查一遍，即使我们不对任何元素对进行比较，如此证明至少需要 $\Omega(n)$ 时间，而非 $\Omega(n)$ 次比较。

第二点也是特别需要注意的：$\Omega(n\lg n)$ 这一下界不依赖于任何特定的算法，只要该算法是一个比较排序。这一下界适用于任何比较排序算法，无论是多么简单或者多么复杂的比较排序算法。这一下界也适用于现在已经存在的比较排序算法和将来才会被发明的比较排序算法。它甚至适用于从来也不会被人类发明出来的比较排序算法！

4.3 使用计数排序超越下界

我们已经看到了在一个极其严格的约束下如何超越下界：此时对于排序关键字仅仅有两种可能的取值，并且每个元素仅仅包含一个排序关键字，而不包含卫星数据。在这种严格约束条件下，我们能在 $\Theta(n)$ 时间内实现对 n 个元素的排序而无须比较元素对。

62

我们能将 REALLY-SIMPLE-SORT 程序的方法推广到能处理具有 m 个不同可能取值的排序关键字的情况，只要取值是在 m 个连续整数之内的整数，例如，$0 \sim m-1$ 之间即可，并且我们也允许元素包含卫星数据。

如下反映了这一观点。假设我们知道排序关键字是 $0 \sim m-1$ 范围内的整数，并且假定我们知道刚好有 3 个元素的排序关键字等于 5 并且刚好有 6 个元素的排序关键字小于 5（也就是说，在 $0 \sim 4$ 之间）。那么我们知道，在排好序的数组中，排序关键字等于 5 的元素应该位于位置 7、8 和 9 上。更一般地讲，如果已知有 k 个元素的排序关键字等于 x，而 l 个元素的排序关键字小于 x，那么我们可推断出排序完成后，排序关键字等于 x 的元素应该位于位置 $l+1 \sim$ $l+k$ 之间。因此，我们需要计算出对于每个可能的排序-关键字值，有多少个元素的排序关键字小于那个值，又有多少个元素的排序关键字等于那个值。

首先通过计算出有多少个元素的排序关键字等于某个值，随后就能计算出有多少个元素的排序关键字小于每个可能的排序-关键字值，首先让我们看看如下这个程序：

程序　COUNT-KEYS-EQUAL(A，n，m)

输入：

- A：一个数组（数组内元素取值范围为介于 $0 \sim m-1$ 之间的整数）。
- n：数组 A 中的元素个数。
- m：定义了数组 A 中元素的取值范围。

输出：一个数组 $equal[0 .. m-1]$（$equal[j]$ 表示数组 A 中元素值等于 j 的元素个数，$j=0$，1，2，$\cdots$，$m-1$）。

1. 创建一个新数组 $equal[0 .. m-1]$。

2. 令 $equal$ 数组中的每个元素值均为 0。

3. 令 i 从 1 到 n 依次取值。

    A. key 被赋值为 $A[i]$。

    B. 将 $equal[key]$ 的值自增 1。

4. 返回 $equal$ 数组。

注意，COUNT-KEYS-EQUAL 从来不会对排序关键字对进行比较。它仅
仅将排序关键字作为 *equal* 数组中的索引。因为第一个循环（第 2 步）执行了
m 次迭代，第二个循环（第 3 步）执行了 n 次迭代，并且每个循环的每次迭代
均会耗费常量时间，COUNT-KEYS-EQUAL 花费的时间为 $\Theta(m+n)$。如果 m
是一个常数，那么 COUNT-KEYS-EQUAL 花费的时间为 $\Theta(n)$。

现在我们能使用 *equal* 数组来计算出一个运行总次数，来找出对于每个
值，有多少个元素的排序关键字小于该值。

> **程序** COUNT-KEYS-LESS(*equal*, *m*)
>
> **输入**：
>
> ● *equal*：由 COUNT-KEYS-EQUAL 返回的数组。
>
> ● *m*：定义了 *equal* 数组中索引的取值范围：$0 \sim m-1$。
>
> **输出**：一个数组 *less*[0..*m*−1]（对于 $j=0$，1，2，…，$m-1$，
> *less*[j]＝*equal*[0]＋*equal*[1]＋…＋*equal*[$j-1$]）。
>
> 1. 创建一个新数组 *less*[0..*m*−1]。
> 2. 将 *less*[0] 赋值为 0。
> 3. 令 j 从 1 到 $m-1$ 依次取值：
>   A. 将 *less*[j] 赋值为 *less*[$j-1$]＋*equal*[$j-1$]。
> 4. 返回 *less* 数组。

假设 *equal*[j] 精确地统计了有多少个排序关键字等于 j（$j=0$，1，…，
$m-1$），你可以使用下面的循环不变式证明出当 COUNT-KEYS-LESS 程序返
回时，*less*[j] 中存放了排序关键字小于 j 的元素个数：

　　　第 3 步中循环的每次迭代开始时，*less*[$j-1$] 中存放了排序关键
　　字小于 $j-1$ 的元素个数。

初始化，保持和终止部分留给你自己完成。你能很容易地看到 COUNT-
KEYS-LESS 程序能在 $\Theta(m)$ 时间内运行完成，并且它一定不会对排序关键字

进行比较。

让我们看一个例子。假设 $m=7$，因此排序关键字是在 0~6 范围内取值的整数，对于如下 $n=10$ 个元素的数组 A：$A=<4，1，5，0，1，6，5，1，5，3>$。那么 $equal=<1，3，0，1，1，3，1>$，$less=<0，1，4，4，5，6，9>$。因为 $less[5]=6$ 且 $equal[5]=3$（注意，对数组 $less$ 和 $equal$ 索引是从 0 开始的，而不是从 1），当完成排序后，位置 1~6 处放置的元素关键字值应该小于 5，而位置 7、8 和 9 处放置的元素关键字值为 5。 $\boxed{64}$

一旦得出了 $less$ 数组，我们就能创建一个排好序的数组，尽管并非原址排序：

> **程序** REARRANGE(A，$less$，n，m)
>
> **输入**：
> - A：一个数组（数组内元素取值范围为介于 0~$m-1$ 之间的整数）。
> - $less$：由 COUNT-KEYS-LESS 返回的数组。
> - n：数组 A 中的元素个数。
> - m：定义了数组 A 中元素的取值范围。
>
> **输出**：一个数组 B（包含数组 A 中的元素，并且是排好序的）。
> 1. 创建新数组 $B[1..n]$，$next[0..m-1]$。
> 2. 令 j 从 0 到 $m-1$ 依次取值：
>   A. 将 $next[j]$ 赋值为 $less[j]+1$。
> 3. 令 i 从 1 到 n 依次取值：
>   A. 将 key 赋值为 $A[i]$。
>   B. 将 $index$ 赋值为 $next[key]$。
>   C. 将 $B[index]$ 赋值为 $A[i]$。
>   D. 将 $next[key]$ 自增 1。
> 4. 返回数组 B。

下页的图显示了 REARRANGE 程序是如何将数组 A 中的元素移动到

	0	1	2	3	4	5	6
less	0	1	4	4	5	6	9
next	1	2	5	5	6	7	10

	1	2	3	4	5	6	7	8	9	10
A	4	1	5	0	1	6	5	1	5	3
B										

↓

	0	1	2	3	4	5	6
next	1	2	5	5	7	7	10

	1	2	3	4	5	6	7	8	9	10
A	4	1	5	0	1	6	5	1	5	3
B					4					

↓

	0	1	2	3	4	5	6
next	1	3	5	5	7	7	10

	1	2	3	4	5	6	7	8	9	10
A	4	1	5	0	1	6	5	1	5	3
B		1			4					

↓

	0	1	2	3	4	5	6
next	1	3	5	5	7	8	10

	1	2	3	4	5	6	7	8	9	10
A	4	1	5	0	1	6	5	1	5	3
B		1			4	5				

↓

	0	1	2	3	4	5	6
next	2	3	5	5	7	8	10

	1	2	3	4	5	6	7	8	9	10
A	4	1	5	0	1	6	5	1	5	3
B	0	1			4	5				

↓

	0	1	2	3	4	5	6
next	2	4	5	5	7	8	10

	1	2	3	4	5	6	7	8	9	10
A	4	1	5	0	1	6	5	1	5	3
B	0	1	1		4	5				

↓

	0	1	2	3	4	5	6
next	2	4	5	5	7	8	11

	1	2	3	4	5	6	7	8	9	10
A	4	1	5	0	1	6	5	1	5	3
B	0	1	1		4	5			6	

↓

	0	1	2	3	4	5	6
next	2	4	5	5	7	9	11

	1	2	3	4	5	6	7	8	9	10
A	4	1	5	0	1	6	5	1	5	3
B	0	1	1		4	5	5		6	

↓

	0	1	2	3	4	5	6
next	2	5	5	5	7	9	11

	1	2	3	4	5	6	7	8	9	10
A	4	1	5	0	1	6	5	1	5	3
B	0	1	1	1		4	5	5		6

↓

	0	1	2	3	4	5	6
next	2	5	5	5	7	10	11

	1	2	3	4	5	6	7	8	9	10
A	4	1	5	0	1	6	5	1	5	3
B	0	1	1	1		4	5	5	6	

↓

	0	1	2	3	4	5	6
next	2	5	5	6	7	10	11

	1	2	3	4	5	6	7	8	9	10
A	4	1	5	0	1	6	5	1	5	3
B	0	1	1	1	3	4	5	5	5	6

数组 B 中以便最终数组 B 中存放着排好序的数组的。插图的最顶部显示了在第 3 步的循环的第一次迭代前数组 $less$、$next$、A 和 B 中所存放的值，并且接下来的每个插图都显示了每经过一次迭代，数组 $next$、A 和 B 中所存放的值。当数组 A 中的元素被拷贝到数组 B 时，相应的元素显示为灰色。

该思想如下，从左到右检查数组 A 时，$next[j]$ 指出了原本在数组 A 中的下一个值为 j 的元素应该存放在数组 B 中的索引位置。回忆之前提到的，如果 l 个元素的排序关键字小于 x，k 个元素的排序关键字等于 x，那么这 k 个元素应该存放在位置 $l+1 \sim l+k$ 之间。第 2 步的循环首先确定了 $next$ 数组的元素值，$next[j]=l+1$，其中 $l=less[j]$。第 3 步的循环从左到右仔细检查了数组 A 的值。对于每个元素 $A[i]$，第 3A 步将 $A[i]$ 存储在 key 中，第 3B 步计算出 $A[i]$ 应该存放在数组 B 中的索引位置 $index$，第 3C 步将 $A[i]$ 移动到数组 B 中的这一索引位置上。因为数组 A 中的下一元素与 $A[i]$ 的排序关键字相等（如果存在这样一个元素），数组 A 中的下一元素应该存放在数组 B 的下一个位置上，所以第 3D 步将 $next[key]$ 值自增 1。

66

REARRANGE 需要花多长时间呢？第 2 步的循环能够在 $\Theta(m)$ 时间内运行完成，并且第 3 步的循环也能在 $\Theta(n)$ 时间内运行完成。因此，就像 COUNT-KEYS-EQUAL 程序一样，REARRANGE 程序能够在 $\Theta(m+n)$ 时间内运行完成，如果 m 是常量，即为 $\Theta(n)$ 时间。

现在我们将三个程序合并在一起构成**计数排序**（counting sort）：

> **程序** COUNTING-SORT(A，n，m)
>
> **输入：**
> ● A：一个数组（数组内元素取值范围为 $0 \sim m-1$）。
> ● n：数组 A 中的元素个数。
> ● m：定义了数组 A 中元素的取值范围。

输出：一个数组 B（包含数组 A 中的元素，并且是排好序的）。

1. 调用 COUNT-KEYS-EQUAL(A，n，m)，将该调用返回的结果赋值给数组 $equal$。

2. 调用 COUNT-KEYS-LESS($equal$，m)，将该调用返回的结果赋值给数组 $less$。

3. 调用 REARRANGE(A，$less$，n，m)，将该调用返回的结果赋值给数组 B。

4. 返回数组 B。

根据各个程序的运行时间，COUNT-KEYS-EQUAL 为 $\Theta(m+n)$，COUNT-KEYS-LESS 为 $\Theta(m)$，REARRANGE 为 $\Theta(m+n)$，你能得出 COUNTING-SORT 程序的运行时间为 $\Theta(m+n)$，或者为 $\Theta(n)$（当 m 是常量时）。计数排序能够超越比较排序的下界 $\Omega(n\lg n)$，因为它从来不会对排序关键字进行比较。反之，它将排序关键字作为数组的索引，能进行这样的操作是因为排序关键字均是非常小的整数。如果排序关键字是带有分数的实数，或者是字符串，那么我们就不能使用计数排序了。

你可能注意到程序假定元素仅仅包含排序关键字而不包含卫星数据。然而，我能保证，与 REALLY-SIMPLE-SORT 不同，COUNTING-SORT 允许包含卫星数据。如果它确实包含卫星数据，你只要将 REARRANGE 程序中的第 3C 步更改为对整个元素的拷贝，而不仅仅是拷贝排序关键字即可。

另外注意，我所提供的程序在如何使用数组方面效率是有些低的。你可以将 $equal$、$less$ 和 $next$ 数组合并到一个数组中，但是我将该问题留给你自行解决。

我不断提到运行时间为 $\Theta(n)$（如果 m 是一个常量）。何时 m 为一个常量呢？例如，如果我要对成绩进行排序。成绩取值为 $0\sim100$，但是学生的人数不定。我可以使用计数排序在 $\Theta(n)$ 时间内实现对 n 个学生的成绩进行

67

排序，由于 $m=101$ 是个常量（注意，待排序关键字变化范围为 $0 \sim m-1$）。

然而，实际上，计数排序可作为另一个排序算法（基数排序）的子程序，且计数排序对基数排序是很有用的。当 m 是常量时，除了能在线性时间运行完成外，计数排序还有另外一个特性：它是**稳定的**（stable）。在一个稳定的排序中，带有相同排序关键字的元素在输出数组中输出的次序与它们在输入数组中的排序一致。换句话说，一个稳定的排序能够将两个带有相同排序关键字的元素以任意顺序输出，即将输入数组中的第一个元素放置在输出数组中的第一个位置上。你能通过 REARRANGE 程序的第 3 步的循环看出为什么计数排序是稳定的。如果数组 A 中的两个元素拥有相同的排序关键字，也就是关键字，那么当将较早出现在数组 A 中的元素移入数组 B 之后，程序将立即令 $next[key]$ 值增加一；通过这种方式，当它要将后出现在数组 A 中的元素移入数组 B 时，该元素就会后出现在数组 B 中。

4.4 基数排序

假定你必须对一些具有固定长度的字符串进行排序。例如，我正在飞机上写这段话，并且当我进行确认时，我收到的确认码是 XI7FS6。航空公司将所有的确认码设计为 6 个字符，其中每个字符或者为一个字母或者为一个数字。每个字符能取 36 个值（26 个字母和 10 个数字），并且总共有 $36^6 = 2\,176\,782\,336$ 种可能的确认码取值。尽管那是一个常量，但它却是一个相当大的常量，因此航空公司可能不会使用计数排序来对确认码进行排序。

具体而言，我们可以将 36 个字符中的每个字符转化为 $0 \sim 35$ 之间的一个数字。一个数字编码后还是它本身（因此数字 5 编码后还是 5），对于字母编码，它是用 10 来表示 A，并且依此类推，一直到用 35 来表示 Z。

现在令问题更简洁，假定每个确认码仅包含 2 个字符。（不用担心：我

们一会儿会将其转化为 6 个字符。）尽管我们可以令 $m = 36^2 = 1296$ 来运行
计数排序，但是我们也可以令 $m = 36$，对其运行两次程序。首先我们使用最
右侧的字符作为排序关键字。随后我们利用第一次计数排序的结果并在其
上再次运行一次计数排序，但是此次使用最左侧的字符作为排序关键字。

我们选择计数排序是因为它在 m 相对较小时，运行效果好并且是稳定的。

例如，假定我们有包含两个字符的确认码 <F6，E5，R6，X6，X2，T5，
F2，T3>。经过对最右侧的字符进行计数排序后，我们得到排好序的序列
<X2，F2，T3，E5，T5，F6，R6，X6>。注意，因为计数排序是稳定的，
且在原始序列中，X2 出现在 F2 之前，所以经过根据最右侧的字符进行排
序后，X2 依然出现在 F2 之前。现利用上述结果，再将最左侧的字符看作
排序关键字进行计数排序，此时我们获得预期结果 <E5，F2，F6，R6，
T3，T5，X2，X6>。

如果先利用最左侧的字符进行排序，会发生什么呢？经过对最左侧的
字符进行计数排序，我们会得到 <E5，F6，F2，R6，T5，T3，X6，X2>，
随后我们会对上述结果利用最右侧字符进行计数排序，那么我们会得到序
列 <F2，X2，T3，E5，T5，F6，R6，X6>，这个结果是不正确的。

为什么首先按照最右侧字符进行排序，再按照最左侧字符进行排序时
才会得出正确的结果呢？使用一个稳定的排序方法很重要：它可以是计数
排序或者是任何其他的稳定排序方法。假定我们正在对第 i 个字符的位置进
行操作，并且假定如果以右侧的 $i-1$ 个字符作为排序关键字，该数组已经
是有序的。考虑任意两个排序关键字，如果它们在第 i 个位置的字符不同，
那么无论右侧的 $i-1$ 个字符是什么均没有任何关系：以第 i 个位置的字符
作为排序关键字的稳定排序算法会将它们调整成正确的序列。从另一方面
讲，如果它们在第 i 个位置上具有相同的字符，那么对于右侧的 $i-1$ 个字
符排列在前面的会排序在前面，并且通过使用稳定的排序方法，我们能确
保得到正确的结果。

回到 6 字符确认码问题上，我们将会看到如何对如下确认码进行排序＜XI7FS6，PL4ZQ2，JI8FR9，XL8FQ6，PY2ZR5，KV7WS9，JL2ZV3，KI4WR2＞。让我们将确认码中的 6 个字符自右向左依次标记为 1~6。以下是在第 i 个字符上执行稳定排序后的结果，即自右向左依次执行稳定的排序算法，结果如下：

i	排序结果
1	＜PL4ZQ2，KI4WR2，JL2ZV3，PY2ZR5，XI7FS6，XL8FQ6，JI8FR9，KV7WS9＞
2	＜PL4ZQ2，XL8FQ6，KI4WR2，PY2ZR5，JI8FR9，XI7FS6，KV7WS9，JL2ZV3＞
3	＜XL8FQ6，JI8FR9，XI7FS6，KI4WR2，KV7WS9，PL4ZQ2，PY2ZR5，JL2ZV3＞
4	＜PY2ZR5，JL2ZV3，KI4WR2，PL4ZQ2，XI7FS6，KV7WS9，XL8FQ6，JI8FR9＞
5	＜KI4WR2，XI7FS6，JI8FR9，JL2ZV3，PL4ZQ2，XL8FQ6，KV7WS9，PY2ZR5＞
6	＜JI8FR9，JL2ZV3，KI4WR2，KV7WS9，PL4ZQ2，PY2ZR5，XI7FS6，XL8FQ6＞

69

推广到一般情况，**基数排序**算法中，我们假定将每个排序关键字看作是 d 位数字，其中每一位取值为 $0~m-1$。我们自右向左地对每一位上的数字进行稳定排序。如果使用计数排序作为这一稳定排序算法，每位上的排序时间为 $\Theta(m+n)$，那么对 d 位进行排序的总时间为 $\Theta(d(m+n))$。如果 m 是一个常量（例如确认码例子中的 36），那么基数排序的时间为 $\Theta(dn)$。如果 d 也是一个常量（例如确认码例子中的 6），那么基数排序的时间仅仅为 $\Theta(n)$。

当基数排序使用计数排序来对每一位进行排序时，它从来不会对两个排序关键字进行比较。它将每一位看作是计数排序中数组的索引。这也就是为什么基数排序，正如计数排序一样，能够超越比较排序的下界 $\Omega(n\lg n)$。

4.5 拓展阅读

《算法导论》[CLRS09] 的第 8 章对这一章的内容作了扩充。

70

有向无环图

　　回想第 1 页的脚注，在那里我说我以前曾玩过曲棍球。多年来，我一直是个守门员，但最终因我的球技悲催到了极点以至于我不忍直视我玩球的过程。但是仿佛每一个镜头我都能看到我自己进球的方式。于是，经过七年的沉寂，我又回到了球场，参与了几场球赛（我又打了几场球）。

　　我最关心的不是我的球技是否会变好——我知道我的球技很糟糕——我在乎的是我是否还记得如何穿戴守门员装备。在曲棍球赛场中，守门员需要穿戴很多装备（大约重 35～40 磅），当要参加比赛时，我必须按照正确的顺序穿戴各种装备。例如，因为我是个右撇子，我会在我的左手上戴上一个超大的手套以追球；它被称为接球手套（catch glove）。一旦戴上手套，左手就失去了灵活性，我就不能再穿任何上身衣服了。

　　当准备穿戴守门员装备时，我自己构造一个图来显示哪项必须在其他项之前先穿戴上。该图如下所示。从项 A 到项 B 的箭头表示一个约束，即项 A 必须

在项 B 之前被穿上。例如,我必须在穿毛衣(sweater)前穿上胸垫(chest pad)。当然,该"必须在……之前穿上……"的约束具有**传递性**(transitive):如果项 A 必须在项 B 之前穿上,并且项 B 必须在项 C 之前穿上,那么项 A 必须在项 C 之前穿上。因此,我必须在穿上毛衣(sweater)、戴上面罩(mask)、接球手套(catch glove)和拦截器(blocker)之前戴上胸垫(chest pad)。

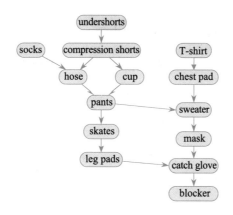

然而,某些项之间,我穿戴它们的顺序无关紧要。例如,我可在穿戴胸垫(chest pad)之前或者之后穿上鞋套(socks)。

我需要确定一个穿戴顺序。一旦构造完了图,我必须想出一个能包含所有必须穿戴项的列表,且以一个不违背任何"必须在……之前穿上……"的约束的单一顺序执行。我发现了几个可行的穿戴次序;下表显示了其中的三种次序方案。

次序 1	次序 2	次序 3
undershorts	undershorts	socks
compression shorts	T-shirt	T-shirt
cup	compression shorts	undershorts
socks	cup	chest pad
hose	chest pad	compression shorts
pants	socks	hose
skates	hose	cup
leg pads	pants	pants
T-shirt	sweater	skates
chest pad	mask	leg pads
sweater	skates	sweater
mask	leg pads	mask
catch glove	catch glove	catch glove
blocker	blocker	blocker

我是怎么得出这些次序方案的呢？以下说明了我是如何想出次序 2 方案的。我寻找一个不存在任何输入箭头的项，因为这样一个项不能在任何其他项之后穿戴完成。我选择将贴身内衣（undershorts）排列在次序的第一项，随后，穿上贴身内衣后（理论上的假定），我将贴身内衣这一项从图上移去，从而该图转换成了下图。

71
~
72

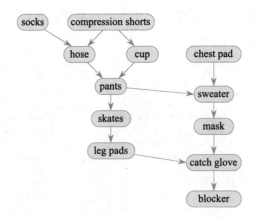

然后，再次，我选择一个没有输入箭头的项，这次选择了 T 恤（T-shirt）。我将它添加到穿戴次序列表的末尾，并将它从图中移除，从而得到了下面这个图：

再次，我选择一个没有输入箭头的项——紧身裤（compression shorts）——
73 随后我将它添加到穿戴次序列表的末尾并将它从图中移除，从而得到了下图。

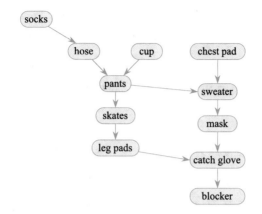

接下来，我选择移除杯子（cup）：

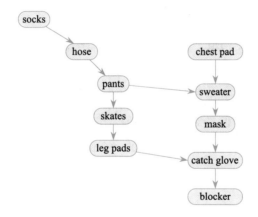

　　我一直采用这种方式——选择一个没有输入箭头的一项，并将它添加到穿戴次序列表的末尾，并从图中移除该项——直到图中所有项均移除完。次序表 1、2、3 是由于对没有输入箭头的项进行了不同的选择，它们均是从本章最前面的那个图出发的。

5.1　有向无环图

　　这些图均是**有向图**（directed graphs）的特例，有向图是由**顶点**（单数：vertex，复数：vertices），相当于守门员的各个装备项，和**有向边**（directed edges），即例子中的箭头组成。每个有向边是一个形如 (u, v) 的有序对，其

74

中 u 和 v 均代表顶点。例如，本章第一个有向图中最左侧的边是（socks, hose）。当一个有向图包含一个有向边（u, v）时，我们称 v **邻接**于 u，并且（u, v）表示从 u **发出**，且**进入** v，因此被标注为 hose 的顶点邻接于被标注为 socks 的顶点，并且边（socks, hose）从被标注为 socks 的顶点发出，进入被标注为 hose 的顶点处。

我们已经看到的这些有向图还有一个特性：这里不存在任何一个从某个顶点发出，经过一条或者多条边后，重新又回到了出发点的路径。我们称这样的图为**有向无环图**（directed acyclic graph，简写为 dag）。无环是因为这里不存在一个"环路"，即从一个顶点出发后又重新回到了顶点本身。（在这一章的后面，我们将看到关于环路的更正式的定义。）

有向无环图对于构造一个任务必须发生在另一个任务之前的这种依赖模型特别有效。有向无环图的另一个应用是规划项目，例如建造房屋时：例如，框架的设计必须在盖屋顶之前。或者，在烹饪中，一些步骤必须按照一定的顺序完成，但是对于一些步骤，它们的次序无关紧要；在这一章的后面，我们将看到关于烹饪图设计的一个例子。

5.2　拓扑排序

当我需要对守门员装备穿戴确定一个单一、线性的次序时，我需要执行"拓扑排序"。更精确地讲，一个有向无环图的**拓扑排序**（topological sort）需要产生这样一个线性序列：如果（u, v）是有向无环图中的一条边，那么在线性序列中，u 必须出现在 v 之前。在这个意义上讲，拓扑排序与我们在第 3 章和第 4 章所讲述的排序算法有所不同。

利用拓扑排序所产生的线性序列不一定是唯一的。因为你已经看到了，前面介绍的关于穿戴守门员装备的三种次序表各自能够由某一种拓扑排序产生。

很久之前我所从事的一项编程工作也应用了拓扑排序。当时我们正在设计一个计算机辅助设计系统，并且该系统包含一个组件库。某些组件可能包含其他组件，但是不允许出现组件之间循环包含的依赖关系：一个组件不可能包含它本身。我们需要制定出一个组件包含的设计方案以便每个组件出现在包含它的组件之前（我说过这项工作是很久之前的事了）。如果每个组件代表一个顶点，形为（u，v）的边表示组件 v 包含组件 u，随后我们需要根据拓扑排序得到的线性序列来记录下相应的组件设计方案。

75

什么样的顶点是线性序列的第一个顶点的最佳选择呢？任何不存在输入边的顶点均可以。进入该顶点的边的个数称为该顶点的**入度**（in-degree），因此我们可以以任意一个入度为 0 的顶点作为起始顶点。幸运的是，每个有向无环图必定至少存在一个入度为 0 的顶点，至少存在一个**出度**（out-degree）为 0 的顶点（不存在任何从该顶点发出的边），否则，图中必存在环。

假定我们选择了任意一个入度为 0 的顶点——让我们姑且将它称为顶点 u——并且将它放在线性序列的第一个位置上。因为我们首先已经考虑了顶点 u，得到的线性序列中其他顶点必定在顶点 u 之后。尤其是，任何一个与顶点 u 邻接的顶点 v 在线性序列中一定出现在顶点 u 之后的某个位置处。因此，我们能安全地把 u 移除，同时考虑到与 u 邻接的边与 u 的依赖关系，我们也会将有向无环图中从 u 出发的边移除。当我们从有向无环图中移除了一个顶点及从该顶点出发的所有边后，剩下的是个什么样的图？另一个有向无环图！毕竟，通过移除一个顶点和从该顶点出发的所有边，我们不可能创造出任意一个环。因此我们对遗留下的图重复上述过程，即找到一个入度为 0 的顶点，并将它放在线性序列的顶点 u 之后，移除从该顶点出发的所有边，一直重复执行上述操作即可。

下一页的拓扑排序程序就采用了这个观点，但是并非真正地将有向无环图中的顶点和从该顶点出发的边移除，程序中仅仅记录了每个顶点的入度，并将理论上移除的边所指向的顶点的入度减一。由于数组索引是整数，现假定每个顶点均由一个介于 $1\sim n$ 范围内的一个确定整数表示。因为该程序需要快速地确定入度为 0 的顶点，它将每个顶点的入度存储在数组 *in-de-*

gree（该数组索引为顶点）中，并且将所有入度为 0 的顶点存储在列表 *next* 中。第 1～3 步初始化 *in-degree* 数组，第 4 步初始化 *next* 列表，且当顶点和边在概念上被移除时，第 5 步负责更新 *in-degree* 数组和 *next* 列表。该程序能选择 *next* 列表中的任何一个顶点作为线性序列的下一个元素。

让我们看看第 5 步的前几次迭代对于穿戴守门员装备这个有向无环图例子是如何执行的。为了在这个有向无环图上执行 TOPOLOGICAL-SORT 程序，我们需要对顶点进行编号，正如拓扑排序程序下面的图所示。只有 1 号顶点、2 号顶点和 9 号顶点的入度为 0，因此当我们进入第 5 步的循环时，初始时的 *next* 列表中仅仅包含这三个顶点。为了得到第 83 页的次序 1，*next* 列表中的顶点顺序应该是 1、2、9。那么在第 5 步循环的第一次迭代时，我们选择顶点 1（undershorts）作为顶点 *u*，将它从 *next* 列表中移除，并将该顶点添加到初始时为空的线性序列的后面，随后将 *in-degree*[3]（compression shorts）值减 1。因为这一操作将 *in-degree*[3] 的值减到了 0，因此我们将顶点 3 添加到 *next* 列表中。假定当我们向 *next* 列表中添加顶点时，我们将它添加到列表的头顶点处。满足该条件的列表被称为**栈**（stack），即总是在同一个位置添加和删除顶点，因为栈就像一叠盘子，你总是从顶部取盘子，并且每次也是将新盘子放置在顶部。〔我们称这一顺序为**后进先出**（Last In，First Out，LIFO）。〕根据这个假设，*next* 列表变为 3，2，9。并且在下一次循环迭代时，我们选择顶点 3 作为顶点 *u*。我们将它从 *next* 列表中移除，并将它添加到线性序列的末尾，此时线性序列变为 "undershorts，compression shorts，" 同时我们将 *in-degree*[4]（从 2 降到 1）值减 1，将 *in-degree*[5]（从 1 降到 0）值减 1。我们将顶点 5(cup) 添加到 *next* 列表中，此时 *next* 列表变为 5，2，9。下一次迭代时，我们选择顶点 5 作为顶点 *u*，并将它从 *next* 列表中移除，同时将它添加到线性序列的末尾（现在该序列为 "undershorts，compression shorts，cup"），并将 *in-degree*[6]（从 2 降到 1）值减 1。此时没有新的顶点能够添加到 *next* 列表中，因此在下次迭代时，我们选择顶点 2 作为顶点 *u*，依此类推，执行该程序。

程序 TOPOLOGICAL-SORT(G)

输入：G：一个顶点编号为从 $1 \sim n$ 的有向无环图。

输出：关于顶点的一个线性序列（如果 (u, v) 是图上的一条边，那么在线性序列中，u 就出现在 v 之前）。

1. 令 *in-degree* $[1..n]$ 为一个新数组，创建一个空的关于顶点的线性序列。

2. 令 *in-degree* 数组中的每个元素均为 0。

3. 对于每个顶点 u：

    A. 对于每个与顶点 u 相邻接的顶点 v：

    　i. 增加 *in-degree*$[v]$ 的值。

4. 创建一个列表 *next*，用以存放所有满足 *in-degree*$[u]=0$ 的顶点 u。

5. 只要 *next* 列表不为空，执行如下操作：

    A. 从 *next* 列表中删除一个顶点（将该顶点称为顶点 u）。

    B. 将 u 添加到线性序列的末尾处。

    C. 对于每个与 u 相邻接的顶点 v：

    　i. 令 *in-degree*$[v]$ 的值自减一。

    　ii. 如果 *in-degree*$[v]=0$，将顶点 v 添加到 *next* 列表中。

6. 返回线性序列。

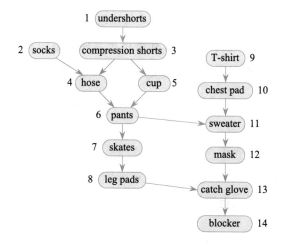

为了分析 TOPOLOGICAL-SORT 程序，我们首先必须明白如何表示一个有向图和如何表示一个类似 *next* 的列表。表示图时，我们不要求它一定是无环的，因为有环无环对于如何表示图没有任何影响。

5.3　如何表示有向图

计算机中，我们能用若干种方式来表示一个有向图。我们约定一个图包含 n 个顶点，m 条边。同时假定每个顶点编号是介于 $1\sim n$ 的范围之内，因此我们能将顶点看作数组索引，或者甚至看作一个矩阵的行号或者列号。

目前，我们仅仅想要知道存在哪些顶点和哪些边。（之后，我们也会令每条边和一个数值关联起来。）我们能使用一个 $n\times n$ 的**邻接矩阵**（adjacency matrix）来表示一个图，其中每行和每列均对应着一个顶点，并且顶点 u 所对应的行和顶点 v 所对应的列的交叉位置处，当边 (u,v) 存在时，该位置处为 1，若图中不包含边 (u,v)，该交叉位置处为 0。由于一个邻接矩阵包含 n^2 个项，那么 $m\leqslant n^2$ 必定是成立的。另一种表示方式是我们可以只保存一个具有 m 条边的无序列表。将邻接矩阵和无序列表结合起来就得到了一种新的图的表示方式——**邻接表**（adjacency-list），即一个 n 元素数组，索引是各个顶点，且每个顶点 u 所对应的数组项是顶点 u 的所有邻接顶点所组成的表。总而言之，邻接表的所有顶点所对应的数组项中共包含 m 个顶点（由于对于 m 条有向边中的每条边 (u,v) 相当于在索引为 u 的数组项中添加一个顶点 v）。以下是第 89 页中有向图的邻接矩阵表示和邻接表表示。

边的无序列表和邻接表会产生一个问题：如何表示一个表。表示一个表的最好方法取决于我们需要在表上完成什么类型的操作。对于边的无序列表和邻接表，我们已经提前知道了每个表中边的个数，且表的内容不会发

邻接矩阵

	1	2	3	4	5	6	7	8	9	10	11	12	13	14
1	0	0	1	0	0	0	0	0	0	0	0	0	0	0
2	0	0	0	1	0	0	0	0	0	0	0	0	0	0
3	0	0	0	1	1	0	0	0	0	0	0	0	0	0
4	0	0	0	0	0	1	0	0	0	0	0	0	0	0
5	0	0	0	0	0	1	0	0	0	0	0	0	0	0
6	0	0	0	0	0	0	1	0	0	0	1	0	0	0
7	0	0	0	0	0	0	0	1	0	0	0	0	0	0
8	0	0	0	0	0	0	0	0	0	0	0	0	1	0
9	0	0	0	0	0	0	0	0	0	1	0	0	0	0
10	0	0	0	0	0	0	0	0	0	0	1	0	0	0
11	0	0	0	0	0	0	0	0	0	0	0	1	0	0
12	0	0	0	0	0	0	0	0	0	0	0	0	1	0
13	0	0	0	0	0	0	0	0	0	0	0	0	0	1
14	0	0	0	0	0	0	0	0	0	0	0	0	0	0

邻接表

1	3
2	4
3	4，5
4	6
5	6
6	7，11
7	8
8	13
9	10
10	11
11	12
12	13
13	14
14	(none)

生改变，因此我们能将每个表存储在一个数组中。即使表的内容会随着时间的变化而发生改变，只要我们知道在任意时刻一个表中所包含项的最大个数，我们也可以使用数组来存储该表。如果不需要在表的内部插入新项或者删除项，那么使用数组来表示表的效率和其他方式一样高。

如果确实需要在表中插入新项，那么我们可以使用**链表**（linked list），链表中的每项均包含它的后继位置，这使得在给定项后添加一个新项的操作简单化了。如果我们也需要在表内删除元素，那么链表也应该包括该项的前驱位置，以便我们能迅速地建立新的次序关系。从现在开始，我们将假定能够在常量时间内实现在一个链表中插入或者删除一个元素。一个仅仅包括后继链的链表被称为**单向链表**（singly linked list）。不仅仅包含后继链，还包含前驱链的链表被称为**双向链表**（doubly linked list）。

5.4   拓扑排序的运行时间

假定有向无环图使用邻接表表示并且 *next* 表是一个链表，那么我们能证明 TOPOLOGICAL-SORT 程序所花费的时间为 $\Theta(n+m)$。由于 *next* 表是一个链表，我们能在常量时间内向该链表中插入或者删除一个元素。第 1 步花费常量时间。由于 *in-degree* 数组有 n 个元素，第 2 步将 *in-degree* 数组初始化为 0 需要花费 $\Theta(n)$ 时间。第 3 步需要花费 $\Theta(n+m)$ 时间。第 3 步花费的 $\Theta(n+m)$ 时间中的 $\Theta(n)$ 项是因为外层循环需要对 n 个顶点均检查一遍，其中的 $\Theta(m)$ 项是因为通过对外层循环的所有次迭代后，第 3A 步的内层循环会对 m 条边均遍历一遍。第 4 步需要花费 $O(n)$ 时间，这是因为 *next* 表初始时最多有 n 个顶点。主要工作发生在第 5 步，因为每个顶点均被插入到 *next* 表中一次，主循环会迭代 n 次。第 5A 步和第 5B 步在每次迭代时均会花费常量时间。类似第 3A 步，第 5C 步的循环总共也会迭代 m 次，因此第 5C 步的所有迭代累计会花费 $\Theta(m)$ 时间，故第 5 步的循环会花费 $\Theta(n+m)$ 时间。当然，第 6 步会花费常量时间，因此当将所有步骤累加起来时，我们会花费 $\Theta(n+m)$ 的时间。

5.5   PERT 图表中的关键路径

工作一天后，我喜欢下厨来自我放松，并且我很享受下厨的过程，喜欢吃宫保鸡丁。我必须准备好鸡肉，切菜，混合腌料和烹饪酱，然后烹饪这道菜。正如穿戴守门员装备一样，一些步骤必须放在另外一些步骤之前，因此我可以使用一个有向无环图来对烹饪宫保鸡丁的过程进行建模。该有向无环图如下页中的图所示。

每个顶点旁边有一个数字，这个数字表示我需要多少分钟来执行该顶点的任务。例如，我需要 4 分钟切碎大蒜（chop garlic）（因为每次我只能剥一瓣大蒜，并且我需要许多大蒜）。如果将所有任务的花费时间累加起来，你会看到如果我要按序执行它们，那么制作宫保鸡丁的菜肴将需要花费一个小时的时间。

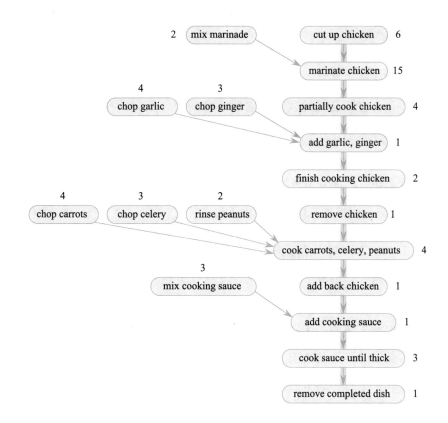

然而，如果我有助手，我们能同时执行多个任务。例如，一个人负责调料，而另外一个人负责剁碎鸡肉。倘若有充足的人员来帮忙，并且有足够的空间、菜刀、砧板和碗，我们能同时执行很多任务。如果你看到有向无环图中包含这样的两个任务，这两个任务之间不存在一条沿着箭头方向从其中一个任务通向另一个任务的路径，那么我可以将这些任务分配给不同的人，让他们同时执行。

给定无限的资源（人、空间、烹饪设备）来同时执行多个任务，我们制作一道宫保鸡丁菜肴最快需要多长时间呢？该有向无环图就是一个 PERT

图表（PERT chart）的一个具体实例，即为 "program evaluation and review technique" 的首字母缩写。即令多个任务尽可能地同时执行，完成整个工作的时间被称为 PERT 图表的 "关键路径"。为了弄清楚什么是关键路径，我们首先要明白什么是路径，随后我们会对关键路径下定义。

80
~
81

图中的一条**路径**（path）是指一个顶点和边构成的序列，该序列允许从一个顶点到达另一个顶点（允许从一个顶点到达它本身）的边的序列；我们说路径包含它所经过的顶点和它所途径的边。例如，在制作宫保鸡丁菜肴的有向无环图中存在一条有序路径，被标记为 "chop garlic" "add garlic, ginger" "finish cooking chicken" 及 "remove chicken" 的顶点序列及连接这些顶点的边。一条从一个顶点出发，最后又能回归原顶点的路径被称为一个**环**（cycle），当然有向无环图中不包含环。

一个 PERT 图表中的一条**关键路径**是所有路径中完成任务所花费时间总和最大的路径。沿着一条关键路径完成任务所花费的时间给出了无论多少个任务被同时执行，完成整个工作所需要花费的最少可能时间。我将关于制作宫保鸡丁菜肴的 PERT 图表中的关键路径绘制成了蓝色阴影。如果你将沿着关键路径上的所有任务的时间累加起来，你将看到无论我有多少帮手，制作一个宫保鸡丁的菜肴至少需要花费 39 分钟 ⊖。

假定执行所有任务所花费的时间均为正数，PERT 图表中的一条关键路径一定是从入度为 0 的某个顶点开始，且终止于某个出度为 0 的顶点处。与其在所有顶点中检查出符合入度为 0 和出度为 0 的顶点对，我们可以在 PERT 图表中添加两个 "虚拟" 顶点，"start" 和 "finish" 顶点，正如第 96 页的图中所示。因为它们是虚拟顶点，我们将执行这两个任务所花费的时间设为 0。在 PERT 图表中，我们对每个入度为 0 的顶点添加一条从 start 顶点指向入度

⊖　如果你好奇为什么中式餐厅能在非常短的时间内制作出一份宫保鸡丁的菜肴，那是因为他们提前准备了许多原材料，并且他们所用的商用火炉比我的家用火炉烹饪速度要快得多。

为 0 的顶点的边，并且对每个出度为 0 的顶点，添加一条从该顶点指向 fin-
ish 顶点的边。现在入度为 0 的顶点只有 start 顶点，而出度为 0 的顶点只有
finish 顶点。一条从 start 开始至 finish 结束的完成任务会花费最长时间的路
径（蓝色阴影部分）指出了 PERT 图表中的一条关键路径——当然关键路
径要去掉虚拟顶点 start 和 finish。

一旦将虚拟顶点算入关键路径内，通过查找从 start 到 finish 的一条基
于任务时间的最短路径，我们能找到一条关键路径。此时，你可能认为上
一句陈述是错误的，因为一条关键路径应该对应着一条最长路径，而不是
一条最短路径。确实，该观点是正确的，但是因为 PERT 中不存在环，我
们可对任务时间进行更改以便寻找到一条最短路径，就能得出相应的关键
路径。特别地，我们可以对每个任务时间取反，寻找一条从 start 到 finish
的具有最少任务时间和的路径。

为什么要对任务时间取反而寻找一条具有最少任务时间和的路径呢？
因为解决该问题相当于寻找最短路径的一个特例，并且我们有很多寻找最
短路径的算法。然而，当谈论到最短路径时，决定路径长度的值是与边相
关的，而不是和顶点。我们称与边相关联的值为边的**权**（weight）。一个边
上带有权重的有向图称为**加权有向图**（weighted directed graph）。"权"是
用来表示和边相关联的值的一个通用术语。如果用一个加权有向图来表示
一个道路交通网，每条边表示两个交叉路口之间的一条有向道路，并且边
上的权重可以表示道路的长度，或者经过这条道路所花费的时间，或者是
车辆经过这条道路所需缴纳的过路费。**一条路径的权重**（weight of a path）
表示路径上所有边的权重之和，因此如果边上的权重代表道路距离，那么
一条路径上的权重就表示经过这条路径的所有道路的距离和。一条从顶点 u
到顶点 v 的**最短路径**（shortest path）表示从顶点 u 到顶点 v 的所有路径中
的边的权重和最小的路径。最短路径并不一定是唯一的，因为一个有向图
中从顶点 u 到顶点 v 可能存在多条最短路径。

82

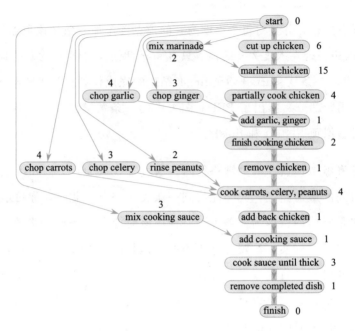

为了将任务时间取反的 PERT 图表转化为一个加权有向图，我们将每个顶点上的取反的任务时间转化为所有指向它的边上的任务时间。也就是说，如果顶点 v 有一个（非-取反的）任务时间 t，我们将每个满足 (u, v) 的边，即指向 v 的边均设置为 $-t$。如下是我们得到的有向无环图，其中每条边的权值都标注在相应的边上：

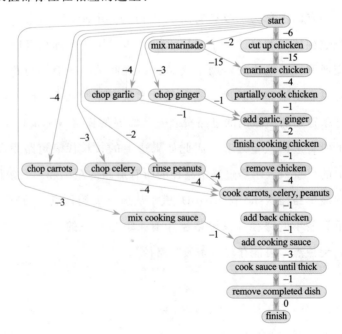

现在我们仅仅需要在该有向无环图中，寻找一条从 start 出发，到 finish 终止的基于这些边的权重最短的路径（蓝色阴影表示）。在原 PERT 图表中的关键路径恰好对应着我们所找到的去除 start 和 finish 顶点的最短路径。因此让我们看看如何在有向无环图中寻找一条最短路径。

5.6　有向无环图中的最短路径

学习在有向无环图中寻找一条最短路径还有另外一个好处：这会为在任意的有向图（可能存在环的有向图）中寻找一条最短路径奠定基础。我们将在第 6 章考察这个更一般性的问题。正如在一个有向无环图上执行拓扑排序一样，我们将假定有向无环图被存储在一个邻接表中，并且我们会将与边（u，v）关联的权重存储为 $weight(u, v)$。

在一个由 PERT 图表所衍生出的有向无环图中，我们想要寻找一条从**源点**（source vertex）开始到**汇点**（target vertex）结束的最短路径，我们也将源点称之为 "start"，将汇点称之为 "finish"。这里，我们将解决一个比寻找**单源最短路径**（single-source shortest paths）更普遍的问题，我们将找出从源点到其他所有顶点的最短路径。按照惯例，我们将源点命名为 s，并且我们想要计算出关于每个顶点的两个值。首先，从源点 s 到顶点 v 的最短路径，我们用 $sp(s, v)$ 来表示。第二，从源点 s 到顶点 v 的最短路径中的顶点 v 的**前驱**（predecessor）：顶点 v 的前驱是一个满足以下条件的顶点 u；从源点 s 到顶点 v 的最短路径等于从源点 s 到顶点 u 的最短路径再加上边（u，v）的权重。我们将对这 n 个顶点从 1～n 进行编号，以方便执行最短路径算法，同时第 6 章中能够将最短路径算法的结果分别存储在数组 $shortest[1..n]$ 和数组 $pred[1..n]$ 中。算法运行过程中，数组 $shortest[1..n]$ 和数组 $pred[1..n]$ 中的值可能不是它们最终的正确值，但是当算法执行完毕时，这两个数组中存储的结果就是正确的值。

我们需要处理所产生的几个问题。首先，要是从顶点 s 到顶点 v 不存在路径呢？那么我们就设 $sp(s, v) = \infty$，则 $shortest[v]$ 结果应该是∞。因为顶点 v 在从源点 s 出发的最短路径上不存在前驱，因为我们称 $pred[v]$ 应该为 NULL。而且，所有最短路径均是从顶点 s 出发，因此顶点 s 也没有前驱；因此我们称 $pred[s]$ 也应该为 NULL。所产生的另一个问题是图中可能存在环，同时也存在带负权重的边，要是存在一个权重和为负的环呢？那么我们可以循环地无穷次地在该环上执行操作，每循环一次就会使得路径上的权重降低一些。如果我们自源点 s，经过一个负权重的环，到达了顶点 v，那么 $sp(s, v)$ 就变得不明确了。然而，至今，我们仅仅关心无环图，因此图中不会存在环路，我们也无须担心权重和为负的环了。

85 为了计算从源点 s 出发的最短路径，我们以 $shortest[s] = 0$ 开始计算（因为从一个节点出发，又回到了当前节点，无须经过其他任何路径，且无须经过其他任何顶点），对于所有其他顶点 v，$shortest[v] = \infty$（因为我们提前并不知道从顶点 s 出发时，我们能到达哪个顶点），并且对于所有的顶点 v，均有 $pred[v] = NULL$ 成立。随后我们对图上的边应用一系列的**松弛步骤**（relaxation steps）：

程序 RELAX(u, v)

输入：

- u, v：边 (u, v) 的顶点 u, v。

结果：$shortest[v]$ 的值可能会减小，如果它确实会减小，那么令 $pred[v]$ 取 u。

1. 如果 $shortest[u] + weight(u, v) < shortest[v]$，那么将 $shortest[v]$ 赋值为 $shortest[u] + weight(u, v)$，将 $pred[v]$ 赋值为 u。

当调用 RELAX(u, v) 时，我们判定能否通过将 (u, v) 作为最后一条边来改进从源点 s 到顶点 v 的最短路径。我们将当前到达顶点 u 的最短路径的值加上边 (u, v) 的权重和与当前到顶点 v 的最短路径值进行比较。如果加上边 (u, v) 的权重和得到的值更小，那么我们会将 $shortest[v]$ 的值更新为当前这个新值，并且将最短路径上顶点 v 的前驱设定为顶点 u。

如果沿着最短路径按序对各个边执行松弛操作，我们会得到正确的结果。你可能想要知道当我们甚至都不知道哪条路径是最短路径的时候，如何能做到沿着最短路径按序对各个边执行松弛操作呢——毕竟，最短路径正是我们需要求出的——但是对于一个有向无环图而言，执行上述操作很简单。我们将对有向无环图中的所有边执行松弛操作，并且当我们对所有边执行松弛操作时，每条最短路径上的边也都按序被执行了松弛操作。

下面是关于如何沿着最短路径上的边进行松弛操作的更精准的描述，并且它适用于任何有向图，无论是否存在环：

> 对于除源点之外的所有顶点，$shortest[u]=\infty$，对于所有顶点 $pred[u]=$ NULL，而对于源点 s，$shortest[s]=0$。

> 随后对从源点 s 到任何顶点 v 的最短路径上的边执行松弛操作（以从源点 s 出发的边开始，并且一直到进入顶点 v 的边结束）。对于其他边的松弛操作可能会大量地穿插在沿着这个最短路径进行松弛操作的过程中，但是只有松弛操作才可能会改变 $shortest$ 或者 $pred$ 的值。

> 当对边执行松弛操作后，顶点 v 的 $shortest$ 值和 $pred$ 值是正确的：$shortest[v]=sp(s，v)$，且 $pred[v]$ 是位于从源点 s 出发的最短路径上的顶点 v 的前驱。

86

很容易看出为什么对沿着最短路径上的边进行松弛操作会有作用。假定一个从 s 到 v 的最短路径上所经过的顶点按序为 $s，v_1，v_2，v_3，\cdots，v_k，v$。当对边 $(s，v_1)$ 执行松弛操作后，$shortest[v_1]$ 中必定存放着到达顶点 v_1 的正确的最短路径权重，且 $pred[v_1]$ 必定是顶点 s。当对边 $(v_1，v_2)$ 执行松弛操作后，$shortest[v_2]$ 和 $pred[v_2]$ 的值必定也是正确的。如此等等，直到对边 $(v_k，v)$ 执行松弛操作后，此时 $shortest[v]$ 和 $pred[v]$ 也会存放着正确的值。

这是个好消息。在一个有向无环图中，沿着每条最短路径按序精确地对每条边执行松弛操作是相当简单的。如何操作呢？首先，利用拓扑排序对有向无环图进行排序。随后对于按照拓扑排序后所得到的线性序列中的每个顶点，依序对从每个顶点出发的所有边执行松弛操作。由于每条边必定是从线性序列中的排列在较前侧的顶点出发，然后进入到线性序列中排列在后面的顶点，因此有向无环图中的每条路径一定会以一种与线性序列相一致的顺序来访问各个顶点。

程序 DAG-SHORTEST-PATHS(G，s)

输入：

- G：一个加权有向无环图（包含具有 n 个顶点的集合 V，m 条有向边的集合 E）。
- s：集合 V 中的一个源点。

结果： 对于集合 V 中的每个非源顶点 v，$shortest[v]$ 表示从 s 到 v 的一条最短路径的权重和 $sp(s，v)$，$pred[v]$ 表示在这条最短路径上出现在顶点 v 之前的顶点。对于源点 s，$shortest[s]=0$，$pred[s]=$NULL。如果从 s 到 v 没有路径，那么 $shortest[v]$ 为 ∞，$pred[v]=$NULL。

1. 调用 TOPOLOGICAL-SORT(G)，l 被赋值为由 TOPOLOGICAL-SORT(G) 调用所返回的顶点的线性序列。
2. 对于除了顶点 s 之外的任意顶点 v，$shortest[v]$ 均被赋值为 ∞，将 $shortest[s]$ 赋值为 0，对于每个顶点 v，将 $pred[v]$ 赋值为 NULL。
3. 按照线性序列 l 的排序，依次取线性序列 l 中的顶点为 u：

    A. 对于每个与顶点 u 相邻接的顶点 v：

        i. 调用 RELAX(u，v)。

下面是一个边上附有权重的有向无环图。通过执行 DAG-SHORTEST-

PATHS 程序得到的从源点 s 出发到当前顶点的 $shortest$ 值显示在该顶点内部，并且蓝色阴影边表明了 $pred$ 中所存储的值。顶点按照拓扑排序返回的线性排序序列自左向右地放置，以便所有的边能自左侧进入右侧。如果某个边（u, v）为蓝色阴影色，那么 $pred[v]$ 中存储着 u，且 $shortest[v] = shortest[u] + weight(u, v)$；例如，由于边（$x$, y）为蓝色阴影色，那么 $pred[y]$ 中存储着 x，且 $shortest[y]$（等于 5）$= shortest[x]$（等于 6）$+ weight(x, y)$（等于 -1）。这里不存在从 s 到 r 的路径，因此 $shortest[r] = \infty$ 且 $pred[r] = $ NULL（不存在进入 r 的蓝色阴影边）。

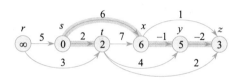

第 3 步循环的第一次迭代对从顶点 r 出发的边（r, s）和边（r, t）执行松弛操作，但是因为 $shortest[r] = \infty$，故这些松弛操作不会产生任何改变。循环的第二次迭代对从顶点 s 出发的边（s, t）和边（s, x）执行松弛操作，使得 $shortest[t]$ 变为 2，$shortest[x]$ 变为 6，并且 $pred[t]$ 和 $pred[x]$ 均为顶点 s。下一次迭代对从顶点 t 出发的边（t, x）、边（t, y）和边（t, z）执行松弛操作。$shortest[x]$ 的值并没有发生改变，由于 $shortest[t] + weight(t, x) = 2 + 7 = 9$，它比 $shortest[x]$（本身等于 6）大；但是 $shortest[y]$ 变成 6，$shortest[z]$ 变成 4，并且 $pred[y]$ 和 $pred[z]$ 均为顶点 t。循环的下一次迭代对从顶点 x 出发的边（x, y）和边（x, z）执行松弛操作，并且使得 $shortest[y]$ 变为 5，$pred[y]$ 更改为顶点 x；$shortest[z]$ 和 $pred[z]$ 的值并未发生改变。最后一次迭代对从顶点 y 出发的边（y, z）执行松弛操作，并且使得 $shortest[z]$ 变为 3，$pred[z]$ 的值更改为顶点 y。

你能很容易地看出 DAG-SHORTEST-PATHS 程序的运行时间为 $\Theta(n + m)$。正如我们所看到的，第 1 步花费的时间为 $\Theta(n + m)$，第 2 步对每个顶点的两个值（即对应的 $shortest$ 值和 $pred$ 值）进行了初始化，因此花费时间为

$\Theta(n)$。正如我们先前所看到的，第 3 步的外层循环对每个顶点检查一次，并且第 3A 步的内层循环在经过所有次迭代后会对每条边检查一遍。因为第 3Ai 步每次对 RELAX 程序的调用会花费常量时间，因此第 3 步花费时间为 $\Theta(n+m)$。将所有步骤的运行时间累加起来，该程序需要花费的时间为 $\Theta(n+m)$。

回溯到 PERT 图表上，现在容易看到寻找一条关键路径需要花费的时间为 $\Theta(n+m)$，其中 PERT 图表中有 n 个顶点，m 条边。我们将那两个虚拟顶点（start 和 finish 顶点）添加进来，至多会添加 m 条从 start 出发的边，至多添加 m 条进入 finish 的边，因此在有向无环图中至多有 $3m$ 条边。对权重取反，并且顶点上取反的权重转化到边上的取反的权重的操作需要花费 $\Theta(m)$ 时间，经过上述操作，在所得出的有向无环图中寻找一条最短路径需要花费的时间为 $\Theta(n+m)$。

88

5.7   拓展阅读

《算法导论》[CLRS09] 的第 22 章提出了一个与该章中对有向无环图执行拓扑排序不同的算法，正如在 Knuth 的《计算机程序设计艺术》[Knu97] 中所讲述的一样。《算法导论》中所使用的方法表面上看起来更简单些，但是它不如本章的方法直观易理解，并且《算法导论》依靠一个图中被称为"深度-优先搜索"的搜索技术。《算法导论》的第 24 章描述了寻找单源最短路径算法。

在任何关于项目管理的书中，你均可以了解更多关于 PERT 图表（它自 20 世纪 50 年代以来就开始被应用）的知识。

89

第6章

最 短 路 径

第 5 章中，我们看到了如何在一个有向无环图中寻找一个单-源最短路径。那个算法要求图中不存在环路——无环——以便我们能够在程序开始时使用拓扑排序算法对图中的顶点进行排序。

然而，现实生活中的大多数图是有环的。例如，使用图构建的道路网络，每个顶点表示一个十字路口，每条有向边表示一条你可以沿着一个方向从一个十字路口到达另一个十字路口的单行路。（双行道由两个不同方向的边表示。）这样的图上必定存在着环，因为，如果图上不存在环，一旦你从一个十字路口处离开，你就无法再次回到该十字路口了。因此，当你的 GPS 在计算到达目的地的最短或者最快路径时，它所勾勒的图中必定存在环，且存在很多环。

当你的 GPS 在寻找从当前位置到一个特定目的地的最快路径时，它其实正在求解一个**单-结点对最短路径**（single-pair shortest path）问题。为了求解出单-结点对最短路径，它可以利用一个能求解出从一个单源点到所有顶点的最短路径的算法，但是 GPS 仅仅关心从源点到要查找的特定目的地的最短路径。

你的 GPS 会对一个加权有向图进行操作，其中边的权重可表示距离或者是经过这条边所耗费的旅行时间。因为驾驶距离不可能是负数，并且到达时间也不可能早于离开时间，因此 GPS 所得到的图中所有边的权重必定是正的。假定因为一些不可思议的原因，一些边的权重可能为 0，因此让我们称边的权重是非负的。当所有边的权重均是非负时，我们就不用担心存在负-权重的环，且所有的最短路径均是明确被定义的。

单-源最短路径的另一个例子是，考虑下"Kevin Bacon 的六度分离"游戏，其中游戏者尽力将电影演员与 Kevin Bacon 建立某种联系。在一个图中，每一个顶点代表一个演员，如果顶点 u 所代表的演员和顶点 v 所代表的演员出现在同一部电影中时，那么该图就会包含边 (u, v) 和(v, u)。对于某个演员，游戏者试图寻找出从该演员所代表的顶点到 Kevin Bacon 所代表的顶点之间的最短路径。最短路径上所经过的边数（换句话说，当每条边的权重为 1 时最短路径的权重）是该演员的"Bacon 数"。例如，Renée Adorée 和 Bessie Love 出现在同一部电影中，而 Bessie Love 和 Eli Wallach 出现在同一部电影中，而 Eli Wallach 和 Kevin Bacon 又共同导演了一部电影，因此 Renée Adorée 的 Bacon 数是 3。应用类似的思想，数学家发明了 Erdős 数，Erdős 数通过合著者的联系能给出从伟大的数学家——保罗·埃尔德什（Paul Erdős）到任何其他数学家的最短路径[○]。

对于带有负-权重的边的图呢？它们和现实世界具有什么联系？我们将看到我们能将外汇交易中是否存在套利交易看作是确定一个可能包含负-权重边的图中是否存在一个负-权重环的问题。

○ 信不信由你，还存在一个 Erdős-Bacon 数，它表示 Erdős 数和 Bacon 数的和，但是只有很少一部分人的 Erdős-Bacon 数是有限值，这些人中包含 Paul Erdős 本人。

就算法而言，首先我们将探讨从一个源点到所有其他顶点的最短路径的 Dijkstra 算法。Dijkstra 算法所研究的图与我们在第 5 章所看到的图有两个重要的不同：所有边的权重一定是非负的，并且图中可能包含环。该算法正是 GPS 寻找路径的核心算法。当设计 Dijkstra 算法实现时，我们也将做出几种可能的选择方案。随后，我们将学习 Bellman-Ford 算法，即使存在负-权重边时，这也是一个典型的寻找单-源最短路径的方法。我们能使用 Bellman-Ford 算法的结果来判定图中是否包含一个负-权重的环，并且如果图中确实存在一个负-权重的环时，我们能求出该环上的顶点和它所经过的边。Dijkstra 算法和 Bellman-Ford 算法均可以回溯到 20 世纪 50 年代，因此这两个算法都已经经受了历史的考验。最后我们会讲述能寻找出任意两个顶点对之间最短路径的 Floyd-Warshall 算法。

正如第 5 章中在一个有向无环图中寻找最短路径问题一样，这里我们假定源点为 s，边（u，v）的权重是 $weight(u, v)$，我们想要计算出，对于每个顶点 v，从源点 s 出发到顶点 v 的最短路径上的权重和 $sp(s, v)$，以及从源点 s 出发的最短路径上在顶点 v 之前的那个顶点。我们会将这两个结果分别存储在 $shortest[v]$ 和 $pred[v]$ 中。

91

6.1 Dijkstra 算法

我喜欢将 Dijkstra 算法[⊖]看作模拟运动员在图上赛跑的过程。

理想情况下，该模拟是按照如下所示工作的，尽管我们会看到 Dijkstra 算法的实际过程与此稍稍不同。初始时，它令运动员从源点开始向所有邻接顶点前进。一旦一个运动员到达了任意一个顶点，该运动员便会离开该顶点，而向所有邻接顶点前进。看看下图中的图 a：

⊖ 该算法是以 Edsger Dijkstra 的名字命名的，他于 1959 年提出了该算法。

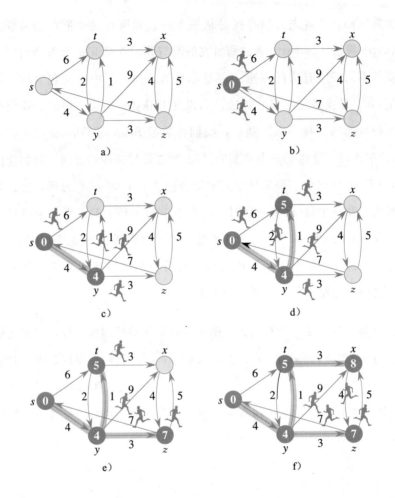

它显示了一个源点为 s，每条边上标明各个边的权重的有向图。将每条

边的权重看作是一个运动员经过这条边所花费的时间。

图 b 显示了模拟开始时，即 0 时刻的状态。此时，在顶点 s 的内部显示着，运动员离开 s，前往与它邻接的两个顶点处，即顶点 t 和顶点 y。深蓝色的源点 s 表明我们知道了 $shortest[s]=0$。

经过几分钟后，在时刻 4，运动员到达了顶点 y，如图 c 所示。因为这个运动员是第一个到达顶点 y 的，我们知道了 $shortest[y]=4$，因此图中顶点 y 也变成了深蓝色。阴影蓝边 (s, y) 表示第一个到达顶点 y 的运动员来自

顶点 s，因此 $pred[y]=s$。在时刻 4，自源点 s 到顶点 t 前进的运动员依然还在前进，且此时，另一个运动员离开顶点 y，前往顶点 t、x 和 z。

图 d 显示了发生在 1 分钟后，在时刻 5 的情况。此时从顶点 y 出发的运动员到达了顶点 t。而从顶点 s 出发的运动员还未到达顶点 t。第一个到达顶点 t 的运动员来自顶点 y，并且在时刻 5 到达顶点 t，因此 $shortest[t]=5$ 且 $pred[t]=y$［图 d 中边（y，t）显示为阴影蓝色］。此时该运动员离开顶点 t，开始前往顶点 x 和顶点 y。

时刻 6，从顶点 s 出发的运动员最终到达了顶点 t，但是从顶点 y 出发的运动员已经在 1 分钟前到达了顶点 t，因此从顶点 s 出发前往顶点 t 的运动员所耗费的均是无用功。

时刻 7，如图 e 所示，两个运动员均到达了目的地。从顶点 t 出发的运动员到达了顶点 y，但是由于从顶点 s 出发的前往顶点 y 的运动员早在时刻 4 时间已经到达了顶点 y，因此忽视了从顶点 t 出发前往顶点 y 的运动员的前进过程。同时，此时从顶点 y 出发的运动员到达了顶点 z。我们令 $shortest[z]=7$，$pred[z]=y$，此时该运动员离开顶点 z，前往顶点 s 和顶点 x。

时刻 8，如图 f 所示，从顶点 t 出发的运动员到达了顶点 x。我们令 $shortest[x]=8$，$pred[x]=t$，此时运行员离开顶点 x，前往顶点 z。

此时，每个顶点均有一个运动员已经到达，因此可以终止模拟过程了。当一些运动员已经到达了目的地时，所有的运动员依然在前往它们的目的地处。一旦每个顶点均有一个运动员已经到达，对于每个顶点的 $shortest$ 值就等于从顶点 s 出发的最短路径的权重和，且每个顶点的 $pred$ 值就是从源点 s 出发的最短路径上的该顶点的前驱。

如上是在理想情况下模拟程序执行的过程。它依赖于运动员经过一个等于权重的边的时间。Dijkstra 算法的工作流程稍有不同。它将所有边看作是一样的，因此当它考虑从一个顶点离开的边时，它对所有邻接边同时进行处理， 93

而不是按照某个特定的顺序处理。例如，当 Dijkstra 算法执行第 106 页插图中离开顶点 s 的边时，它便令 $shortest[y]=4$，$shortest[t]=6$，并且 $pred[y]=s$，$pred[t]=s$——到目前为止。当随后 Dijkstra 算法考虑边（y, t）时，它将到达顶点 t 的当前的最短路径的权值和减 1，因此 $shortest[t]$ 的值从 6 降到 5，且 $pred[t]$ 的值从 s 转为 y。

Dijkstra 算法通过每次对每条边调用第 4 章介绍的 RELAX 程序来工作。对每条边（u, v）进行松弛操作相当于对一个从顶点 u 出发前往顶点 v 的运动员进行某种操作。该算法维护着一个顶点集 Q，但是顶点集中的所有顶点的最终 $shortest$ 值和 $pred$ 值还未确定；所有不在 Q 中的顶点有最终的 $shortest$ 和 $pred$ 值。对于源点 s，将 $shortest[s]$ 初始化为 0，对于所有其他顶点 v，将 $shortest[v]$ 赋值为∞，且对所有顶点令 $pred[v]=$NULL，它重复地在顶点集 Q 中寻找具有最小 $shortest$ 值的顶点 u，并将该顶点从顶点集 Q 中移除，再对所有与顶点 u 邻接的边进行松弛操作。该程序如下。

程序 DIJKSTRA(G, s)

输入：

- G：一个有向图（包含具有 n 个顶点的集合 V，m 条具有非负权重的有向边的集合 E）。
- s：集合 V 中的一个源点。

结果：对于集合 V 中的每个非-源顶点 v，$shortest[v]$ 表示从 s 到 v 的一条最短路径的权重和 $sp(s, v)$，$pred[v]$ 表示在这条最短路径上出现在顶点 v 之前的顶点。对于源点 s，$shortest[s]=0$，$pred[s]=$NULL。如果从 s 到 v 没有路径，那么 $shortest[v]$ 为∞，$pred[v]=$NULL。（与第 4 章中 DAG-SHORTEST-PATHS 的 Result 相同）。

1. 对于除了顶点 s 之外的任意顶点 v，$shortest[v]$ 均被赋值为∞，将 $shortest[s]$ 赋值为 0，对于每个顶点 v，将 $pred[v]$ 均赋值为 NULL。

2. 令 Q 包含所有顶点。

3. 只要 Q 不为空，执行如下操作：

    A. 在集合 Q 中找出具有最小 *shortest* 值的顶点 u，并将顶点 u 从集合 Q 中移除。

    B. 对于每个与顶点 u 相邻接的顶点 v：

      i. 调用 RELAX(u, v)。

94

在下图中，图 a~f 分别表示在第 3 步循环的每次迭代中所对应的 *shortest* 值（在每个顶点的内部表示）和 *pred* 值（用阴影蓝边表示），以及集合 Q（浅蓝色顶点，但并非深蓝色顶点）。

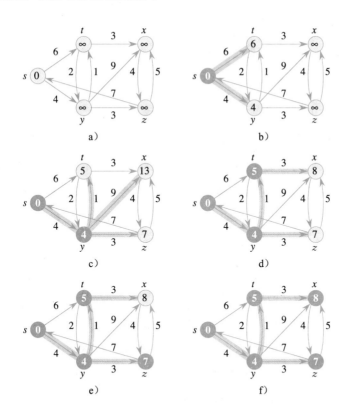

每个插图中刚刚变为深蓝色的顶点即为在第 3A 步中被选中为顶点 u 的顶点。运动员模拟赛跑例子中，一旦对一个顶点计算出了 *shortest* 值和 *pred* 值，它们就不会再发生变化，但是本程序中每个结点通过对每条边进行一

次松弛操作得出 *shortest* 值和 *pred* 值，随后对其他边进行松弛操作可能会令这些值发生改变。例如，执行到图 c 时，当对边（y，x）执行松弛操作后，*shortest*[x] 的值会从∞降低到 13，并且 *pred*[x]变成了 y。在第 3 步循环的下一次迭代（图 d）会对边（t，x）进行松弛操作，并且 *shortest*[x] 的值会进一步下降到 8，且 *pred*[x] 会变成 t。在下一次迭代（图 e）时，会对边（z，x）执行松弛操作，但是本次 *shortest*[x] 的值并没有发生任何改变，因为此时 *shortest*[x]=8，它比 *shortest*[z]+*weight*(z，x) 的值 12 更小。

95

Dijkstra 算法维持着下列的循环不变式：

> 在第 3 步的每次迭代开始时，对于不在集合 Q 中的每个顶点 v，*shortest*[v]=*sp*(s，v)。也就是说，对于每个不在集合 Q 中的顶点 v，*shortest*[v]的值等于从顶点 s 到顶点 v 的最短路径上的权重和。

如下是关于循环不变式的简单推理过程。初始时，所有顶点均在集合 Q 中，因此在进入第 3 步循环的第一次迭代时，循环不变式不适合任意一个顶点。假定当我们进入这个循环的一次迭代时，所有不在集合 Q 中的顶点均将它们的正确的最短-路径权重值和存储在变量 *shortest* 中。随后每条从这些顶点出发的边在第 3Bi 步的某次执行中均执行了松弛操作。假定集合 Q 中的顶点 u 是集合 Q 中具有最小 *shortest* 值的顶点。该顶点的 *shortest* 值不会再减小。为什么不会变小呢？因为能够被执行松弛操作的边仅仅会是那些从集合 Q 中的顶点出发的边，并且集合 Q 中的每个顶点具有的 *shortest* 值最小也与 *shortest*[u] 的值一样大。由于所有边的权重均是非负的，我们必定能得到，针对集合 Q 中的任意一个顶点 v，均有 *shortest*[u]≤*shortest*[v]+*weight*(v，u)，因此任何未来要执行的松弛操作均不会减小当前的*shortest*[u] 的值。因此，*shortest*[u] 是可得到的最小值，我们能将顶点 u 从集合 Q 中移除，并且对所有从顶点 u 出发的所有边进行松弛操作。当第 3 步的循环终止时，集合 Q 变为空，因此所有顶点均将正确的最短路径权重和存储在变量 *shortest* 中。

我们可以开始分析 DIJKSTRA 程序的运行时间，但是为了完整分析，需要首先确定一些编程实现细节。回忆第 5 章中，我们用 n 表示顶点个数，用 m 表示边的个数，且满足 $m \leqslant n^2$。我们知道第 1 步花费 $\Theta(n)$ 时间。我们也知道第 3 步的循环会精确地迭代 n 次，因为集合 Q 中包含 n 个顶点，循环的每次迭代都会从集合 Q 中移除一个顶点，并且从来不会向 Q 中添加顶点。算法的第 3A 步循环会对每个顶点和每条边精确地处理一次（我们看到在第 5 章的 TOPOLOGICAL-SORT 和 DAG-SHORTEST-PATHS 程序中应用了同样的观点）。

还有什么需要分析的呢？我们需要推断出需要花费多长时间将 n 个顶点加入到集合 Q 中（第 2 步），需要花费多长时间以确定哪个顶点具有最小 *shortest* 值，并将该顶点从集合 Q 中移除（第 3A 步），以及需要多少次调整操作（当由于调用 RELAX 程序而使得 *shortest* 值和 *pred* 值发生变化时）。让我们将这些操作命名一下：

96

- INSERT(Q, v) 将顶点 v 插入到集合 Q 中。（Dijkstra 算法调用 INSERT 程序 n 次。）

- EXTRACT-MIN(Q) 将具有最小 *shortest* 值的顶点从 Q 中移除，并且将该顶点返回给它的调用者。（Dijkstra 算法调用 EXTRACT-MIN 程序 n 次。）

- DECREASE-KEY(Q, v) 执行调整操作并记录 *shortest*[v] 的值，对集合 Q 中的顶点 v 调用 RELAX 操作而使 *shortest*[v] 的值降低。（Dijkstra 算法调用 DECREASE-KEY 程序多达 m 次。）

这 3 个操作在一起定义了一种被称为**优先队列**（priority queue）的结构。

以上对优先队列操作的描述仅仅说明了优先队列是做什么的，而不知道优先队列具体是如何操作的。在软件设计中，只描述执行什么操作而非如何执行这种操作被称为**抽象**（abstraction）。我们将只是指定会执行什么操作而不是如何执行这种操作的操作集，称为一种**抽象数据类型**（abstract data type），或者称为 ADT，因此优先队列也是一个抽象数据类型。

我们实现优先队列操作——优先队列具体是如何操作的——通过下述的任何一种数据结构。**数据结构**（data structure）是计算机中存取数据的一种特定方式——例如，数组。实现优先队列的数据结构中，我们将看到 3 种数据结构。软件设计者应该能够对每一种抽象数据类型设想出任何一种数据结构。但是它不像我们考虑算法那样简单。因为对于不同的数据结构，实现该数据结构的方法可能需要花费不同的时间。确实，针对 Dijkstra 算法，我们将看到实现优先队列这一抽象数据类型的 3 种不同数据结构会产生不同的运行时间。

下面显示了 DIJKSTRA 程序的重写版本，其中明确地调用了优先队列操作。让我们看看 3 个用于实现优先队列操作的数据结构并看看它们是如何影响 Dijkstra 算法的运行时间的。

> **程序** DIJKSTRA(G, s)
>
> **输入、结果**：与之前的 DIJKSTRA 的输入、结果相同。
>
> 1. 对于除了顶点 s 之外的任意顶点 v，$shortest[v]$ 均被赋值为 ∞，将 $shortest[s]$ 赋值为 0，对于每个顶点 v，将 $pred[v]$ 均赋值为 NULL。
> 2. 令 Q 为一个空的优先-队列。
> 3. 对于每个顶点 v：
>   A. 调用 INSERT(Q, v)。
> 4. 只要 Q 不为空，执行如下操作：
>   A. 调用 EXTRACT-MIN(Q)，将 u 赋值为调用返回的顶点。
>   B. 对于每个与顶点 u 相邻接的顶点 v：
>   i. 调用 RELAX(u, v)。

  ii. 如果调用 RELAX(u, v) 降低了 $shortest[v]$ 的值，那么调用 DECREASE-KEY(Q, v)。

简单的数组实现

  实现优先队列操作的最简单方法是将顶点存储在具有 n 个元素的数组中。如果当前的优先队列包含 k 个顶点，那么就将这 k 个顶点存储在数组的前 k 个位置上，并不需要以特定的顺序。除了需要数组之外，我们还需要维持指定当前数组中顶点个数的一个量。INSERT 操作很简单：只要将一个顶点添加到数组的下一个未占用的位置上，并且将表示数组中元素个数的那个量增加一。DECREASE-KEY 操作更加简单：什么都不用做！这两个操作均只需要花费常量时间。然而，EXTRACT-MIN 操作需要花费 $O(n)$ 时间，因为我们必须对当前数组中的所有顶点检查一遍以找到具有最小 shortest 值的顶点。一旦找出了这个顶点，对它进行删除操作就很简单：只要将位于最后面的顶点移动到要删除的顶点位置，并且将表示数组中元素个数的那个量减一即可。n 次 EXTRACT-MIN 调用需要花费 $O(n^2)$ 时间。尽管对 RELAX 调用会花费 $O(m)$ 时间，但是 $m \leqslant n^2$。因此通过数组实现对优先队列的调用，Dijkstra 算法会花费 $O(n^2)$ 时间，而主要影响花费时间的操作是 EXTRACT-MIN 操作。

二叉堆实现

  一个二叉堆是以一种二叉树的形式来表示存储在数组中的数据。一个**二叉树**（binary tree）是某种类型的图，但是我们将它的顶点称为**结点**，边是无向的，并且每个结点下面有 0 个、1 个，或者 2 个结点，这些结点被称为**孩子**。下图左边是一个二叉树的例子，结点均标有序号。不带有孩子的结点，例如从结点 6 到结点 10，被称为**叶子**[⊖]。

  ⊖ 计算机科学家发现将树描绘成根位于顶部，分枝自顶朝下，比将树描绘成真实的树的样子（根在底部，分枝自底朝上）更简单些。

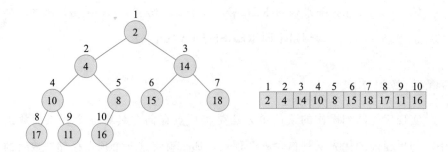

二叉堆（binary heap）除了是一个二叉树外，它还具有三个额外的特性。首先，树可能除了最底层外，其他层均是满的，而最底层是按照从左向右的顺序依次填充结点的。第二，每个结点包含一个关键字，表示在图的每个结点内部。第三，关键字遵循**堆的性质**：每个结点的关键字小于或者等于它的孩子的关键字。图中的二叉树也是一个二叉堆。

我们也能将一个二叉堆存储在一个数组中，正如上图右图所示。根据堆的性质，带有最小关键字的结点必定位于位置 1 处。位于位置 i 处的结点的孩子位于位置 $2i$ 和位置 $2i+1$ 处，位于位置 i 的结点的上侧的结点——它的**双亲**——位于位置 $\lfloor i/2 \rfloor$ 处。当我们将一个二叉堆存储在一个数组中时，直接将二叉堆中的结点自顶向下依次存储到数组中即可。

二叉堆还具有另外一个重要的特性：如果它包含 n 个结点，那么它的**高度**——从根到最底层的叶子结点的边的个数——仅仅为 $\lfloor \lg n \rfloor$。因此，当我们沿着一条路径从根结点出发一直走到叶子结点，或者从叶子结点出走一直到根结点，仅仅需花费 $O(\lg n)$ 时间。

因为二叉堆的高度为 $\lfloor \lg n \rfloor$，我们均能在 $O(\lg n)$ 时间内完成这三个优先队列操作。对于 INSERT 操作，在第一个可用的位置上添加一个叶子结点。随后，只要该结点的关键字大于它的双亲结点的关键字，就将该结点的内容⊖和它的双亲结点的内容进行交换，并且将该结点向着根结点的方向

⊖ 一个结点的内容包括关键字和与该关键字相关的其他信息，例如哪个顶点与该结点相关联。

向上移动一层。换句话说，令该结点向着根的方向"向上冒泡"直到保证
满足堆的性质为止。由于从叶子结点到根的路径上至多存在$\lfloor \lg n \rfloor$条边，因
此至多会执行$\lfloor \lg n \rfloor$次交换，因此 INSERT 操作会花费$O(\lg n)$时间。对于
DECREASE-KEY 操作，我们使用了同样的观点：减小相应顶点内关键
字的值，随后将该结点向着根结点的方向向上冒泡直到能够保证满足堆
的性质为止，这一操作也会花费 $O(\lg n)$ 时间。对于 EXTRACT-MIN 操
作，首先将根结点的内容保存起来并将它返回给调用者。随后将最后一
个叶子结点（具有最大编号的结点）存放到根结点处。随后从根结点开
始执行"向下冒泡"，如果孩子结点的关键字比该结点的内容小，就执
行交换操作，直到能够满足堆的性质为止。最终，返回原始的已存的根
结点的内容。再次，因为自根到叶子结点的路径至多有$\lfloor \lg n \rfloor$条边，因
此最多进行$\lfloor \lg n \rfloor$次交换操作，因此 EXTRACT-MIN 也会花费$O(\lg n)$
时间。

99

当 Dijkstra 算法使用二叉堆来实现优先队列操作时，插入操作会花费
$O(n\lg n)$时间，EXTRACT-MIN 操作会花费 $O(n\lg n)$ 时间，DECREASE-
KEY 操作会花费$O(m\lg n)$时间。（实际上，插入 n 个结点仅仅会花费 $\Theta(n)$
时间，因为初始时只有源点 s 的 $shortest$ 值等于 0，而其他顶点的 $shortest$ 值
均等于∞。）当图是**稀疏的**（sparse）——边的数目 m 远远小于n^2——使用
二叉堆来实现优先队列比使用简单的数组更高效。基于道路网络构造出的
图是稀疏的，因为平均每个十字路口大约只能开往四条路，因此 m 大约等
于 $4n$。另一方面，当图是**稠密的**（dense）——m 接近于n^2，此时图中包含
很多边——Dijkstra 算法中花费在 DECREASE-KEY 上的调用会花费
$O(m\lg n)$时间，这会使得使用二叉堆来实现优先队列执行速度比使用一个简
单的数组实现优先队列的执行速度更慢。

我们还知道关于二叉堆的另一个特性：二叉堆能在 $O(n\lg n)$ 时间内完成
排序操作：

> **程序** HEAPSORT(A, n)
>
> **输入：**
> - A：一个数组。
> - n：待排序的数组 A 中的元素数量。
>
> **输出**：一个数组 B（包含数组 A 中的元素，并且是排好序的）。
> 1. 根据数组 A 中的元素建立一个二叉堆 Q。
> 2. 创建一个新数组 $B[1..n]$。
> 3. 令 i 从 1 到 n 依次取值：
>   A. 调用 EXTRACT-MIN(Q)，将 $B[i]$ 赋值为调用的返回值。
> 4. 返回数组 B。

第 1 步将输入数组转换为一个二叉堆，我们能使用两种方式来实现这个操作。一个方法是令二叉堆初始时为空，随后将数组中的元素依次添加到堆上，这会花费 $O(n\lg n)$ 时间。另一种方法是利用自底向上的方法把一个数组调整为堆，这仅仅会花费 $O(n)$ 时间。通过对堆进行原址排序也是可能的，此时我们不再需要额外的数组 B。

斐波那契堆实现

我们也能通过一个被称为"斐波那契堆"（Fibonacci heap）或者"F-heap"的复杂的数据结构来实现一个优先队列。通过一个斐波那契堆，实现 n 次 INSERT 操作和 EXTRACT-MIN 调用会花费 $O(n\lg n)$ 时间，执行 m 次 DECREASE-KEY 调用总共会花费 $\Theta(m)$ 时间，因此实现 Dijkstra 算法仅仅会花费 $\Theta(n\lg n+m)$ 时间。实际上，由于一系列的原因，人们并不经常使用 F-heap。其中第一个原因是某个特殊的操作可能会花费比通常更长的时间，尽管总共所花费的时间如上述所示。第二个原因是 F-heap 有点复杂，并且隐含在渐近符号里的常量因子并不如二叉堆的常量因子好。

6.2 Bellman-Ford 算法

当某些边的权重为负时，Dijkstra 算法可能会返回错误的结果。Bellman-Ford 算法⊖能够处理存在负权重边的情况，并且我们能使用 Bellman-Ford 算法的输出结果来判定图中是否存在一个负-权重的环（即该环的权重和为负）。

Bellman-Ford 算法非常简单。当对 *shortest* 和 *pred* 变量初始化后，它仅需要对这 m 条边执行 $n-1$ 轮松弛操作——循环 $n-1$ 次。程序如下所示 [程序 BELLMAN-FORD(G, s)]，之后的图 a～e 显示了在一个小规模的图上该算法具体是如何执行的。其中，源点是 s，每个顶点的内部值表示到当前顶点的 *shortest* 值，阴影蓝边暗含了 *pred* 值：如果边（u, v）为阴影蓝色，那么 $pred[v]=u$。该例子中，假定每次对所有边执行松弛操作是以一种固定的顺序进行的 [访问的次序依次是(t, x)，（t, y），（t, z），（x, t），（y, x），（y, z），（z, x），（z, s），（s, t），（s, y)]。图 a 显示了初始时未执行任何松弛操作的情形，图 b～图 e 分别表示每经过一轮松弛操作所得到的结果。图 e 表明了经过 4 轮的松弛操作后的结果，其中 *shortest* 和 *pred* 变量中均保存了最终的结果。

> **程序** BELLMAN-FORD(G, s)
>
> **输入**：
> - G：一个有向图（包含具有 n 个顶点的集合 V，m 条具有任意权重的有向边集合 E）。
> - s：集合 V 中的一个源点。
>
> **结果**：与 DIJKSTRA 的结果相同。

⊖ 基于两个不同的算法——由 Richard Bellman 于 1958 年提出的算法和由 Lester Ford 于 1962 年提出的算法。

1. 对于除了顶点 s 之外的任意顶点 v，$shortest[v]$ 均被赋值为 ∞，将 $shortest[s]$ 赋值为 0，对于每个顶点 v，将 $pred[v]$ 均赋值为 NULL。

2. 令 i 从 $1 \sim n-1$ 依次取值：

    A. 对于集合 E 中的每条边 (u, v)：

        i. 调用 RELAX(u, v)。

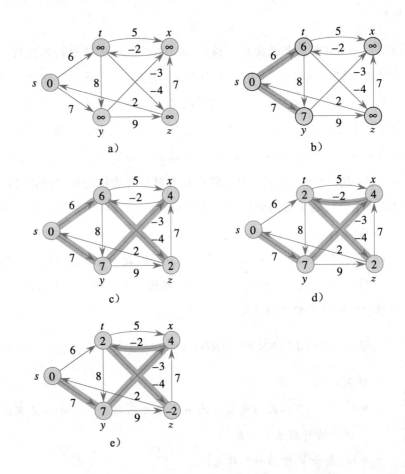

102

这个简单的算法怎么可能产生出正确的结果呢？考虑从源点 s 到任意顶点 v 的一条最短路径。回忆一下，在 5.6 节，如果我们按照从源点 s 到顶点 v 的顺序依次对边进行松弛操作，那么 $shortest[v]$ 和 $pred[v]$ 中的值就是正确的。现在，如果不允许出现负权重的环，那么总是会存在一条从 s 到 v

的不包含环路的最短路径。为什么呢？假设存在一条从 s 到 v 的包含环路的最短路径。因为环路一定具有非负权重和，那么我们能去除环路，并且能得到一条从 s 到 v 的不包含环路的路径，且该路径的权重和并不会比包含回路的权重和大。每个无环的路径最多包含 $n-1$ 条边，因为如果一条路径包含 n 条边，那么它必定访问了某个顶点两次，这必定会产生一个环。因此，如果从 s 到 v 存在一条最短路径，那么必定有一条最多包含 $n-1$ 条边的最短路径。第一次访问第 2A 步会对所有的边执行一遍松弛操作，它必定对这条路径上的第一条边执行了松弛操作。第二次访问第 2A 步会对所有的边执行一遍松弛操作，它必定也会对最短路径上的第二条边执行松弛操作，等等。当对第 2A 步访问（$n-1$）次后，最短路径上的所有边必定均按序执行了松弛操作，因此 $shortest[v]$ 和 $pred[v]$ 的值必定均是正确的。好聪明啊！

现在假定图中包含一个负权重和的环并且我们已经在其上执行了 BELLMAN-FORD 程序。你能在这个负权重和的环上一遍遍地执行该程序，每运行一次均会得到一个具有更小权重和的路径。这意味着在这个环上至少存在着一条边 (u, v)，如果你对这条边执行松弛操作后，会使得 $shortest[v]$ 的值降低——即使已经对这条边执行了 $n-1$ 次松弛操作。

因此如下讨论如果存一个负权重和的环，如何寻找这样一个环。只要首先执行 BELLMAN-FORD 程序，然后再对所有边检查一遍即可。如果我们发现存在这样一条边 (u, v)，并且它满足 $shortest[u] + weight(u, v) < shortest[v]$，那么我们就知道顶点 v 要么是在一个负权重和的环上，要么是顶点 u 到该顶点的权重是负的。我们能根据 v 的 $pred$ 值进行回溯，依次寻找负权重和的环上的顶点，并记录哪些顶点我们已经访问过，当到达我们以前已经访问过的一个顶点 x 时，我们就找到了这个负权值和的环。随后我们能从 x 的 $pred$ 值一直回溯到 x，所有经过的顶点，同时也包含顶点 x，将组成一个负权重和的环。下面的 FIND-NEGATIVE-WEIGHT-CYCLE 程序表明了如何确定一个图中是否存在一个负权重和的环，如果存在的话，如何

将这个环构建出来。

程序 FIND-NEGATIVE-WEIGHT-CYCLE(G)

输入：G：一个有向图（包含具有 n 个顶点的集合 V，m 条具有任意权重的有向边集合 E，并且在该有向图上已经执行了 BELL-MAN-FORD 程序）。

输出：或者是一个负权重环上的顶点表（按序排列），或者是一个空表（如果图中不存在负权重环）。

1. 遍历所有的边以寻找任意一条满足 $shortest[u] + weight(u, v) < shortest[v]$ 的边 (u, v)。

2. 如果不存在满足条件的边，那么返回一个空表。

3. 否则（存在一条满足 $shortest[u] + weight(u, v) < shortest[v]$ 的边 (u, v)），执行如下操作：

   A. 创建一个新数组 $visited$，索引为各个顶点，将所有元素的 $visited$ 值均赋值为 FALSE。

   B. 将 x 赋值为 v。

   C. 只要 $visited[x]$ 是 FALSE，执行如下操作：

      i. 将 $visited[x]$ 赋值为 TRUE。

      ii. 将 x 赋值为 $pred[x]$。

   D. 此时，我们知道 x 是一个负权重环上的一个顶点。将 v 赋值为 $pred[x]$。

   E. 创建一个初始时仅包含顶点 x 的表 $cycle$。

   F. 只要 v 不等于 x，执行如下操作：

      i. 将顶点 v 插入到 $cycle$ 表的开始位置。

      ii. 将 v 赋值为 $pred[v]$。

   G. 返回 $cycle$ 表。

很容易分析出 Bellman-Ford 程序的运行时间。第 2 步的循环迭代了 $n-1$

次，并且每次循环中，第 2A 步的循环迭代 m 次（每次迭代是针对一条边，共有 m 条边）。因此，总共的运行时间是 $\Theta(nm)$。为了寻找是否存在一个负权重和的环路，我们需要再对每一条边依次执行一次松弛操作，直到发现存在一次松弛操作使得某个 *shortest* 值发生了改变或者对所有的边均执行了松弛操作后，*shortest* 值均未发生改变，这需要花费 $O(m)$ 时间。如果确实存在一个负权重和的环，它至多包含 n 条边，因此将这个环的路线描述出来需要的时间为 $O(n)$。

本章开篇时，我承诺要给你说明负权重和的环是如何和外汇交易中的套利交易联系起来的。货币汇率快速波动着。想象一下在某一时刻汇率如下：

103 ~ 104

1 美元可以兑换 0.7292 欧元

1 欧元可以兑换 105.374 日元

1 日元可以兑换 0.3931 俄罗斯卢布

1 俄罗斯卢布可以兑换 0.0341 美元

随后你可以拿 1 美元，用它来换成 0.7292 欧元，将 0.7292 欧元换成 76.8387 日元（因为 $0.7292 \times 105.374 = 76.8387$，取小数点后四位），将 76.8387 日元换成 30.2053 俄罗斯卢布（因为 $76.8387 \times 0.3931 = 30.2053$，取小数点后四位），最终将 30.2053 俄罗斯卢布换成 1.03 美元（因为 $30.2053 \times 0.0341 = 1.0300$，取小数点后四位）。如果你能在汇率发生变化之前执行完所有的交易，每 1 美元的投资，你都会产生 3% 的收益。以一百万为例，你可以无劳而获 3 万美元！

这样的一种情境被称为**套利交易**（arbitrage opportunity）。这是通过寻找一个负-权重环来查找是否存在套利交易的。假定现已知 n 种货币 c_1，c_2，c_3，$\cdots$，c_n 和每两种货币之间的汇率。假定使用货币 c_i，你可以兑换成 r_{ij} 的货币 c_j，r_{ij} 是货币 c_i 和货币 c_j 之间的汇率。这里，i 和 j 取值均是从 1~n。

（假定对于每种货币 c_i，$r_{ii}=1$。）

一种套利交易对应着包含 k 种货币的一个序列 $<c_{j_1}, c_{j_2}, c_{j_3} \cdots, c_{j_k}>$，以至于当你将这些汇率累乘起来时，会得到一个严格大于 1 的乘积式子：

$$r_{j_1, j_2} \cdot r_{j_2, j_3} \cdots r_{j_{k-1}, j_k} \cdot r_{j_k, j_1} > 1$$

现在对两边取对数。选择以几为底都没有关系，因此让我们采取计算机科学家的通常表示方法，选择以 2 为底。因为乘积的对数等价于每个对数的累加和——也就是说，$\lg(x \cdot y) = \lg x + \lg y$——我们正在寻找一个满足下式的情况

$$\lg r_{j_1, j_2} + \lg r_{j_2, j_3} + \cdots + \lg r_{j_{k-1}, j_k} + \lg r_{j_k, j_1} > 0$$

将这个不等式的两侧均取反，并且更改不等式符号

$$(-\lg r_{j_1, j_2}) + (-\lg r_{j_2, j_3}) + \cdots + (-\lg r_{j_{k-1}, j_k}) + (-\lg r_{j_k, j_1}) < 0$$

这相当于是汇率取对数后再取反的累加和为负的环。

如果套利交易存在的话，为了找到一个套利交易，我们就将每一种货币 c_i 看作一个顶点 v_i，并构建一个有向图。对于每两种货币 c_i 和 c_j，创建有向边 (v_i, v_j) 和 (v_j, v_i) 并分别带有权重 $-\lg r_{ij}$ 和 $-\lg r_{ji}$。增加一个源点 s，对从 v_1 到 v_n 的所有顶点，添加一个 0 权重的边 (s, v_i)。将这个带有源点 s 的图执行 Bellman-Ford 算法，并且使用这个结果来确定它是否包含一个负权重和的环。如果它包含一个负-权重和的环，那么这个环上的顶点就对应着套利交易中的相应货币。边的数量 m 对应着 $n + n(n-1) = n^2$，因此如果确实存在一个负权重和的环时，要加上用于查找是否存在一个负权重和的环的 $O(n^2)$ 时间，用来遍历环上顶点的 $O(n)$ 时间，Bellman-Ford 算法会花费 $O(n^3)$ 时间。尽管 $O(n^3)$ 时间看起来很慢，实际上它的效果并不是那么差，因为执行循环的常量因子非常小。我将这个套利程序编码后在我的 2.4GHz Macbook Pro 上运行，并且以 182 种货币（这是世界上所有的货币

种类数）进行测试。一旦载入了汇率（随机选择的货币汇率），运行该程序大约仅需要花费 0.02 秒。

6.3 Floyd-Warshall 算法

现假定你想要寻找出从每个顶点到每个顶点的最短路径。也就是**所有-顶点对最短路径**（all-pairs shortest-paths）问题。

所有-顶点对最短路径的经典例子——我已经看到几个作者所提到的——即在一个地图上查找任意两个城市之间的距离。你将一个城市看作行，将另一个城市看作列，那么这两个城市之间的距离就是位于行、列交叉位置的值。

在这个例子中有一个难题：它并不是所有-顶点对。如果它是所有顶点对，这个表应该对每个交叉路口都有一行和一列，而不仅仅是针对每个城市。仅仅针对 U.S 的行、列数目就有几百万个。不是，你在地图上所看到的组成该表的道路仅仅是从每个城市出发的单-源最短路径，这只是所有-顶点对最短路径的一个子集——它表示到其他所有城市的最短路径，而不是对于所有交叉路口的最短路径——放入了表中。

什么是关于所有-顶点对最短路径的一个合理应用呢？寻找网络的**直径**：所有最短路径中的最长路径。例如，假定一个有向图表示一个通信网络，并且每条边的权重表示一个通信链路上发送一条信息所需的时间。直径表示在通信网络中传送一条信息所需的最长传送时间。

当然，我们能通过轮流地对每个顶点计算单-源最短路径来计算出所有-顶点对的最短路径。如果所有边的权重是非负的，我们能将 n 个顶点的每个顶点作为源点来执行 Dijkstra 算法，如果使用二叉堆来实现优先队列，则每次调用会花费 $O(mlgn)$ 时间；若使用斐波那契堆来实现优先队列，则每次调用会花费 $O(nlgn+m)$ 时间，因此总共的运行时间要么是 $O(nmlgn)$，要

106

么是 $O(n^2\lg n+nm)$。如果该图是稀疏的，那么这种方法效果很好。但是如果该图是稠密的，那么 m 会接近于 n^2，即 $O(nm\lg n)$ 就是 $O(n^3\lg n)$。即使是采用斐波那契堆来实现优先队列，在稠密图中，$O(n^2\lg n+nm)$ 是 $O(n^3)$，但是由斐波那契堆所产生的常量因子却很大。当然，如果图中包含负-权重边，那么我们就不能使用 Dijkstra 算法，对 n 个顶点中的每个顶点在稠密图上分别运行 Bellman-Ford 算法所花费的总时间为 $\Theta(n^2m)$，稠密图中 m 会接近于 n^2，因此总共花费的时间为 $\Theta(n^4)$。

然而，通过使用 Floyd-Warshall 算法$^{\ominus}$，我们能在 $\Theta(n^3)$ 内求解出所有顶点对之间的最短路径——无论图是稀疏的，还是稠密的，或者是介于稀疏图和稠密图之间的任意图，并且甚至允许图中存在负-权重的边但是不能包含负-权重和的环——并且隐藏在 Θ 符号前面的常量因子很小。而且，Floyd-Warshall 算法利用了一个被称为"动态规划"的算法技术。

Floyd-Warshall 算法依赖于最短路径的一个显著特征。假定你从 New York 出发，沿着一条最短路径正驾车前往 Seattle，并且从 New York 出发前往 Seattle 的最短路径在抵达 Seattle 之前，会途经 Chicago，随后经过 Spokane。从 New York 出发前往 Seattle，途经从 Chicago 到 Spokane 这段路径一定一个是从 Chicago 到 Spokane 这段路径中的一条最短路径。为什么呢？因为如果从 Chicago 到 Spokane 之间存在一条更短的路径，我们将选择那条更短的路径了！正如我所说的，这是很明显的道理。将这个原理应用到有向图中，形象化描述如下：

> 如果一条最短路径 p 表示从顶点 u 到达顶点 v 的路径，也可表示为从顶点 u 到达顶点 x，再到达顶点 y 最后到达顶点 v，那么介于顶点 x 和顶点 y 的那部分路径本身就是从顶点 x 到顶点 y 的最短路径。也就是说，任何一条最短路径的任意子路径本身都是一条最短路径。

$\ominus$　该算法以 Robert Floyd 和 Stephen Warshall 的名字命名。

Floyd-Warshall 算法记录了路径的权重和顶点的前驱，且它并不是以一维索引数组表示的，而是以三维索引数组记录的。你可以将一个一维数组看作一张表，正如我们在 2.1 节所看到的。一个二维数组将像一个矩阵，例如我们在 5.3 节所看到的邻接矩阵一样；你需要两个索引（行和列）来标记一项。你也可以将一个二维数组看作一个每项均是一个一维数组的一维数组。一个三维数组可以看作每项均是二维数组的一维数组；对于三维中的每一维，你需要一个索引来确定一项。当需要对一个多维数组标记索引时，我们将使用逗号将各个维划分开。

107

Floyd-Warshall 算法中，我们将假定索引编号为 $1 \sim n$。索引编号很重要，因为 Floyd-Warshall 算法使用如下的定义：

$shortest[u, v, x]$ 是从顶点 u 到顶点 v 的最短路径上的权重和，且该路径的每个中间顶点——该路径上除了顶点 u 和 v 的顶点——的索引编号介于 $1 \sim x$ 之间。

（因此将 u、v 和 x 看作用于表示顶点的介于 $1 \sim n$ 范围内的整数。）这一定义并不是指中间顶点包括所有从 $1 \sim x$ 的顶点；它仅仅需要每个中间顶点——无论这里存在多少中间顶点——这些中间节点的索引为 x 或者比 x 更小。由于所有顶点的索引最多是 n，因此必定满足这种：$shortest[u, v, n] = sp(u, v)$，其中 $sp(u, v)$ 表示从 u 到 v 的最短路径上的权重和。

让我们考虑两个顶点 u 和 v，并在 $1 \sim n$ 之间选取一个数 x。考虑所有满足以下条件的路径：从 u 到 v 且所有中间顶点的索引至多为 x。在所有这些路径中，令路径 p 具有最小权重和。路径 p 或者包含顶点 x 或者不包含顶点 x，并且我们知道，除了 u 或 v，它不会包含任何索引大于 x 的顶点。这里存在两种可能。

- 第一种可能：x 不是路径 p 上的中间顶点。因此路径 p 上的中间顶点编号最多为 $x-1$。这是什么意思呢？它意味着从 $u \sim v$ 上，中间顶点编号最大为 x 的最短路径的权重等于从 $u \sim v$ 上，中间顶点编

号最大为 $x-1$ 的最短路径的权重。换句话说，$shortest[u, v, x]=$ $shortest[u, v, x-1]$。

- 第二种可能：x 是路径 p 上的中间顶点。因为任何一条最短路径的子路径本身也是一条最短路径，路径 p 上从 u 到 x 的那段路径也就是从 u 到 x 的最短路径。同样地，路径 p 上从 x 到 v 的那段路径也是从 x 到 v 的最短路径。因为顶点 x 是这两条路径上的端点，因此它并非任意一条路径上的中间顶点，因此每条子路径的中间顶点的编号至多为 $x-1$。因此，从顶点 u 到顶点 v，中间顶点最大为 x 的最短路径的权重是这两条最短路径的权重和：其中一个是从顶点 u 到顶点 x，中间顶点编号最大为 $x-1$ 的最短路径的权重，另一个是从顶点 x 到顶点 v，中间顶点编号最大为 $x-1$ 的最短路径的权重。换句话说，$shortest[u, v, x]=$ $shortest[u, x, x-1]+shortest[x, v, x-1]$。

因为 x 要么是从顶点 u 到顶点 v 的最短路径上的中间顶点，要么不是，我们就能推断出 $shortest[u, v, x]$ 是 $shortest[u, x, x-1]+shortest[x, v, x-1]$，$shortest[u, v, x-1]$ 中较小的那个值。

Floyd-Warshall 算法中用来表示图的最好的方式是通过使用 5.3 节类似邻接矩阵的表示方式。但并非将每个矩阵元素取值限制为 0 或 1，此时每个边 (u, v) 项存储着边的权重，并且 ∞ 表明不存在这条边。由于 $shortest[u, v, 0]$ 表明从顶点 u 到 v，中间顶点编号最大为 0 的最短路径的权重，因此它不存在任意满足条件的中间顶点。也就是说，它仅仅包含一条边，因此这个矩阵表示的正是 $shortest[u, v, 0]$。

给定 $shortest[u, v, 0]$ 值（它表示对应边的权重），Floyd-Warshall 算法首先能计算出当 $x=1$ 时所有顶点对之间的最短路径 $shortest[u, v, x]$。随后 Floyd-Warshall 算法能计算出当 $x=2$ 时所有顶点对之间的最短路径 $shortest[u, v, x]$。随后 $x=3$，等等，一直计算到 $x=n$。

如何保存前驱呢？让我们像定义 $shortest[u, v, x]$ 一样，类似地定义

$pred[u, v, x]$ 来表示从源点 u 出发的，所有中间顶点索引最大为 x 的最短路径上顶点 v 的前驱。当计算出 $shortest[u, v, x]$ 时，我们能按照如下所示更新 $pred[u, v, x]$ 的值。如果 $shortest[u, v, x]=shortest[u, v, x-1]$，那么我们能找到从 u 到 v，以中间顶点编号最大为 x 的最短路径与以中间顶点编号最大为 $x-1$ 的最短路径一样。这两条路径上顶点 v 的前驱一定相同，因此我们将 $pred[u, v, x]$ 的值设定为 $pred[u, v, x-1]$ 的值。要是 $shortest[u, v, x]$ 的值比 $shortest[u, v, x-1]$ 的值小呢？此时我们会发现从 u 到 v 的路径上以顶点 x 作为中间顶点的最短路径的权重比以中间顶点编号最大为 $x-1$ 的权重小。因此 x 必定是这条新发现的最短路径上的一个中间顶点，因此从源点 u 到 v 的路径上顶点 v 的前驱顶点一定等于这条路径上从 x 到 v 的最短路径上顶点 v 的前驱顶点。此时，我们将 $pred[u, v, x]$ 设定为 $pred[x, v, x-1]$。

|109|

现将所有情况组合为 Floyd-Warshall 算法。如下是该程序。

程序 FLOYD-WARSHALL(G)

输入：G：一个具有 n 行、m 列利用加权邻接矩阵 W（每个顶点均对应一行，一列）表示的图。位于 u 行、v 列的项为 w_{uv}，如果 G 中存在边 (u, v)，那么 w_{uv} 表示边 (u, v) 的权重，否则 w_{uv} 为 ∞。

输出：对于每个由顶点 u 和顶点 v 组成的顶点对，$shortest[u, v, n]$ 的值表示从 u 到 v 的一条最短路径的权重，而 $pred[u, v, n]$ 的值表示从顶点 u 到顶点 v 的一条最短路径上的顶点 v 的前驱顶点。

1. 创建两个 $n \times n \times (n+1)$ 的数组 $shortest$ 和 $pred$。

2. 令 u，v 分别从 $1 \sim n$ 依次取值：

    A. 将 $shortest[u, v, 0]$ 赋值为 w_{uv}。

    B. 如果 (u, v) 是 G 中的一条边，那么将 $pred[u, v, 0]$ 赋值为 u。否则，将 $pred[u, v, 0]$ 赋值为 NULL。

3. 令 x 从 $1 \sim n$ 依次取值：

A. 令 u 从 1 到 n 依次取值：

i. 令 v 从 $1\sim n$ 依次取值：

a. 如果 $shortest[u, v, x] > shortest[u, x, x-1] + shortest[x, v, x-1]$，那么将 $shortest[u, v, x]$ 赋值为 $shortest[u, x, x-1] + shortest[x, v, x-1]$，将 $pred[u, v, x]$ 赋值为 $pred[x, v, x-1]$；

b. 否则，将 $shortest[u, v, x]$ 赋值为 $shortest[u, v, x-1]$，将 $pred[u, v, x]$ 赋值为 $pred[u, v, x-1]$。

4. 返回 $shortest$ 数组和 $pred$ 数组。

对图

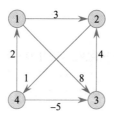

110 而言，其邻接矩阵 W 如下，其中包含了边的权重：

$$\begin{pmatrix} 0 & 3 & 8 & \infty \\ \infty & 0 & \infty & 1 \\ \infty & 4 & 0 & \infty \\ 2 & \infty & -5 & 0 \end{pmatrix}$$

邻接矩阵 W 给出了 shortest$[u, v, 0]$ 的值⊖（路径上至多包含一条边的权重）。例如，$shortest[2, 4, 0]$ 为 1，因为我们可以从顶点 2 直接到达顶点 4，而无须经过任何中间顶点，故 $shortest[2, 4, 0]$ 等价于边（2, 4）的权

⊖ 因为一个三维数组相当于一个一维数组（每个数组元素为一个二维数组），因此对于一个固定值 x，我们能将 $shortest[u, v, x]$ 看作一个二维数组。

重 1。同样地，$shortest[4，3，0]=-5$。如下是关于 $pred[u，v，0]$ 的
矩阵：

$$
\begin{pmatrix}
\text{NULL} & 1 & 1 & \text{NULL} \\
\text{NULL} & \text{NULL} & \text{NULL} & 2 \\
\text{NULL} & 3 & \text{NULL} & \text{NULL} \\
4 & \text{NULL} & 4 & \text{NULL}
\end{pmatrix}
$$

例如，$pred[2，4，0]=2$，因为图中存在一个权值为 1 的边（2，4），因此
顶点 4 的前驱顶点是顶点 2，而 $pred[2，3，0]=NULL$，这是因为图中不
存在边（2，3）。

当 $x=1$ 时，通过执行第 3 步的循环后（检查可以将顶点 1 作为中间顶
点的路径），$shortest[u，v，1]$ 和 $pred[u，v，1]$ 如下所示：

$$
\begin{pmatrix}
0 & 3 & 8 & \infty \\
\infty & 0 & \infty & 1 \\
\infty & 4 & 0 & \infty \\
2 & 5 & -5 & 0
\end{pmatrix}
$$

和

$$
\begin{pmatrix}
\text{NULL} & 1 & 1 & \text{NULL} \\
\text{NULL} & \text{NULL} & \text{NULL} & 2 \\
\text{NULL} & 3 & \text{NULL} & \text{NULL} \\
4 & 1 & 4 & \text{NULL}
\end{pmatrix}
$$

经过 $x=2$ 的循环后，$shortest[u，v，2]$ 和 $pred[u，v，2]$ 如下所示：

$$
\begin{pmatrix}
0 & 3 & 8 & 4 \\
\infty & 0 & \infty & 1 \\
\infty & 4 & 0 & 5 \\
2 & 5 & -5 & 0
\end{pmatrix}
$$

和

$$\begin{pmatrix} \text{NULL} & 1 & 1 & 2 \\ \text{NULL} & \text{NULL} & \text{NULL} & 2 \\ \text{NULL} & 3 & \text{NULL} & 2 \\ 4 & 3 & 4 & \text{NULL} \end{pmatrix}$$

经过 $x=3$ 的循环后，$shortest[u, v, 3]$ 和 $pred[u, v, 3]$ 如下所示：

$$\begin{pmatrix} 0 & 3 & 8 & 4 \\ \infty & 0 & \infty & 1 \\ \infty & 4 & 0 & 5 \\ 2 & -1 & -5 & 0 \end{pmatrix}$$

和

$$\begin{pmatrix} \text{NULL} & 1 & 1 & 2 \\ \text{NULL} & \text{NULL} & \text{NULL} & 2 \\ \text{NULL} & 3 & \text{NULL} & 2 \\ 4 & 3 & 4 & \text{NULL} \end{pmatrix}$$

111

最后经过 $x=4$ 的循环后，最终得到的 $shortest[u, v, 4]$ 和 $pred[u, v, 4]$ 如下所示：

$$\begin{pmatrix} 0 & 3 & -1 & 4 \\ 3 & 0 & -4 & 1 \\ 7 & 4 & 0 & 5 \\ 2 & -1 & -5 & 0 \end{pmatrix}$$

和

$$\begin{pmatrix} \text{NULL} & 1 & 4 & 2 \\ 4 & \text{NULL} & 4 & 2 \\ 4 & 3 & \text{NULL} & 2 \\ 4 & 3 & 4 & \text{NULL} \end{pmatrix}$$

例如，我们能看到，从顶点 1 到顶点 3 的最短路径的权重和为 −1。这条路径从 1 出发，经过顶点 2，再经过顶点 4，最后到达顶点 3，我们能从回溯中得出：$pred[1, 3, 4]=4$，$pred[1, 4, 4]=2$，$pred[1, 2, 4]=1$。

Floyd-Warshall 算法能在 $\Theta(n^3)$ 时间内运行完成，并且能够很容易看出为什么是这个运行时间。我们有三层嵌套循环，而且每个循环会迭代 n 次。在第 3 步循环的每次迭代中，第 3A 步的循环总共也迭代了 n 次。同样地，在第 3A 步循环的每次迭代中，第 3Aｉ步的循环总共也迭代了 n 次。由于第 3 步的外层循环也迭代了 n 次，因此最内层的循环（3Aｉ步）总共迭代了n^3次。最内层循环的每次迭代需要花费常量时间，因此该算法需要花费 $\Theta(n^3)$时间。

看起来好像这个算法在内存上也需要占用 $\Theta(n^3)$ 空间。毕竟，它创建了两个 $n \times n \times (n+1)$ 数组。由于每个数组项占用常量的内存空间，这些数组总共需占用 $\Theta(n^3)$ 空间。然而，可以只占用 $\Theta(n^2)$ 空间。这是如何实现的呢？只要我们将 *shortest* 和 *pred* 表示成 $n \times n$ 的数组，并且忽略 *shortest* 和 *pred* 的第三个索引项即可。尽管第 3Aｉa 和 3Aｉb 步会不断地对 *shortest*[u, v] 和 *pred*[u, v] 进行更新，但是这两个数组只有到最后才会保存正确的值！

先前，我已经提到了 Floyd-Warshall 算法应用了**动态规划**（dynamic programming）技术。当且仅当满足如下条件时，才可应用动态规划技术。

1. 我们正在试图寻找一个问题的最优解；

2. 我们能将一个问题实例分解为一个或者多个子问题实例；

3. 我们使用子问题的解决方案来解决原始问题；

4. 如果在求解原始问题时应用了子问题的解，那么我们所使用的子问题的解也必定是该子问题的最优解。

我们能将这些条件总称为**最优子结构**（optimal substructure），更简洁地说，它声明一个问题的最优解包含子问题的最优解。在动态规划中，我们经常提到子问题的"规模"这一概念，并且通常通过逐渐增加问题的规模，从而逐步解决子问题，因此我们首先解决最小子问题，然后一旦得到了较小子问题的最优解，我们能利用较小子问题的最优解来解决较大的子问题。

动态规划技术听起来很抽象，让我们看看 Floyd-Warshall 算法是如何应用动态规划技术的。Floyd-Warshall 算法的子问题是：

> 计算出 $shortest[u, v, x]$，这是从顶点 u 到顶点 v，且每个中间顶点的索引是介于 $1 \sim x$ 之间的最短路径上的权重和。

这里，子问题的"规模"是一条最短路径上我们所允许的中间顶点的最大索引：换句话说，也就是 x 的值。由于具有下列性质，它满足最优子结构：

> 考虑一条最短路径 p，它表示从顶点 u 到顶点 v，中间顶点编号最大为 x 的最短路径。随后 p 上从 u 到 x 的部分是从 u 到 x 的路径上，中间顶点编号最大为 $x-1$ 的所有路径中的最短路径，并且 p 上从 x 到 v 的部分是从 x 到 v 的路径上，中间顶点编号最大为 $x-1$ 的所有路径中的最短路径。

首先通过计算 $shortest[u, v, x-1]$，$shortest[u, x, x-1]$，$shortest[x, v, x-1]$，令 $shortest[u, v, x]$ 为 $shortest[u, v, x-1]$，$shortest[u, x, x-1]+shortest[x, v, x-1]$ 中较小值作为问题答案。因为当我们计算出第三个索引为 x 时的 $shortest$ 值之前，我们已经计算出了第三个索引为 $x-1$ 时的 $shortest$ 值，即当我们要计算 $shortest[u, v, x]$ 时，我们已经计算出了所需的全部信息。

动态规划技术的一个普遍实践是将子问题的最优解（$shortest[u, v, x-1]$，$shortest[u, x, x-1]$，$shortest[x, v, x-1]$）存储在一个表中，并且当我们要计算原始问题的最优解时，我们能查找到这些值。我们称这种方法为

"自底向上"，因为它总是从较小的子问题开始求解，直到规模较大的子问题。 `113` 解决子问题的另一种方法是"自顶向下"，它从较大的子问题开始求解，直到较小的子问题结束，该方法同样也是将每个子问题的结果存储在一个表中。

动态规划技术适用于许多最优问题的求解，只有一小部分会作用到图上。当我们在第 7 章查找两个字符串的最长公共子序列时，会再次看到对动态规划技术的应用。

6.4 拓展阅读

《算法导论》的第 24 章 [CLRS09] 涵盖了 Dijkstra 算法和 Bellman-Ford 算法。《算法导论》的第 25 章介绍了所有-顶点对最短路径算法，包含 Floyd-Warshall 算法；还存在一种基于矩阵乘法的运行时间为 $\Theta(n^3 \lg n)$ 的求解所有-顶点对最短-路径的算法；还存在一个由 Donald Johnson 所设计的算法，它用来在稀疏图上查找所有-顶点对最短路径且算法运行时间为 $O(n^2 \lg n + nm)$。

当边的权重是小的非负整数且不大于一个已知常数 C 时，Dijkstra 算法中将优先队列用一个更加复杂的方式实现时，它会产生比用斐波那契堆来实现更好的运行时间。例如，Ahuja、Mehlhorn、Orlin 和 Tarjan 的论文 [AMOT90] 将"重分布堆"（redistributive heap）并入 Dijkstra 算法中，且运行时间为 $O(m + n\sqrt{\lg C})$。 `114`

第 7 章

字符串算法

字符串（string）仅仅是指由一些潜在字符集中的字符所组成的字符序列。例如，本书[○]是由字母、数字、标点符号和数学符号这一非常大但很有限的集合所组成的字符集。生物学家把 DNA 串编码为仅仅包含四个字符的串——这四个字符为 A、C、G、T——分别代表腺嘌呤、胞嘧啶、鸟嘌呤和胸腺嘧啶。

我们能考察关于字符串的所有排序问题，但是在本章中我们将关注以字符串为输入的三个问题的算法：

1. 查找两个字符串的最长公共子序列。

2. 给定能将一个字符串转换为另一个字符串的一系列操作集合和每个操作的代价，寻找将一个字符串转换为另一个字符串的最小-代价方法。

○ 这里指英文原书。——译者注

3. 在一个文本串中寻找一个模式串的所有出现。

前两个问题均可以应用在计算生物学中。两个 DNA 串的最长公共子序列越长，它们的相似度就越高。将 DNA 串对齐的一种方法是将其中一个串转换为另外一个串；转换所耗费的代价越低，这两个串的相似度就越高。最后一个问题，在一个文本中查找模式串的出现情况，也被称为**字符串匹配**（string matching）。它出现在各种各样的排序项目中，例如每次使用"查找"命令时。计算生物学中也会应用该方法，即在其中一个 DNA 串中查找另一个 DNA 串。

7.1　最长公共子序列

让我们首先介绍下"序列"和"子序列"的概念。**序列**（sequence）是有顺序的一系列项。一个给定项在一个序列中可能会出现多次。这一章中我们所研究的特定序列是字符串，我们将使用"串"这个术语而非"序列"。同样地，我们也会假定组成序列的项是字符。例如，字符串 GACA 包含同一字符（A）多次，并且它与字符串 CAAG 不同，CAAG 和 GACA 有相同的字符但是顺序不同。某个字符串 X 的**子序列**（subsequence）Z 或者等于字符串 X 本身，或者是将字符串 X 中的某项/某些项移除后的字符串。例如，如果 X 是字符串 GAC，那么它会有八个子序列：GAC（任何字符均没有移除），GA（C 被移除），GC（A 被移除），AC（G 被移除），G（A 和 C 均被移除），A（G 和 C 均被移除），C（G 和 A 均被移除），空串（所有的字符均被移除）。假定 X 和 Y 是字符串，那么 Z 是 X 和 Y 的**公共子序列**（common sequence）：如果 Z 不仅是 X 的子序列，同时也是 Y 的子序列。例如，如果 X 是字符串 CATCGA，Y 是字符串 GTACCGTCA，那么 CCA 是包含三个字符的 X 和 Y 的公共子序列。然而，它并非一个**最长公共子序列**（LCS），因为 X 和 Y 存在包含四个字符的公共子序列 CTCA。确实，CTCA 是一个最长公共子序列，但它不是唯一的，因为 TCGA 也是一个具

115

有四个字符的另一个公共子序列。子序列和子串的概念是不同的：一个**子串**（substring）不仅仅是一个子序列，而且字符串的取值必须位于连续位置上。例如，对于字符串 CATCGA，子序列 ATCG 是一个子串，但子序列 CTCA 就不是一个子串。

我们的目标是，给定两个字符串 X 和 Y，找到 X 和 Y 的一个最长公共子序列 Z。我们将使用第 6 章所讲述的动态规划技术来解决这一问题。

你可能发现不利用动态规划技术也可以找到一个最长公共子序列，但是我不推荐这么做。此时你需要尝试找出 X 的所有子序列，再判断它们是否是 Y 的子序列，从关于 X 的最长子序列开始判断，直到 X 的最短子序列，对其一一进行检查判定操作，直到找到一个既是 X 的子序列又是 Y 的子序列时终止。（你明白一定会找到这样一个公共子序列，因为空串是任何串的子序列。）如果 X 的长度为 m，那么它就有 2^m 个子序列，因此即使我们忽视了判断每个子序列否为 Y 的子序列的时间，寻找一个 LCS 所耗费的时间在最坏情况下也是关于 X 长度的指数级的时间。

回忆一下，第 6 章讲述的动态规划技术需要满足的最优子结构：一个问题的最优解包含它的子问题的最优解。为了利用动态规划技术查找两个字符串的 LCS，我们首先需要确定子问题是什么。前缀起着重要作用。如果 X 为字符串 $x_1x_2x_3\cdots x_m$，那么 X 的**第 i 前缀**（ith prefix）是字符串 $x_1x_2x_3\cdots x_i$，我们将它表示成 X_i。这里，i 的取值是 $0\sim m$，且 X_0 表示空串。例如，如果 X 是 CATCGA，那么 X_4 是 CATC。

我们能看到两个字符串的 LCS 包含两个字符串前缀的 LCS。设这两个字符串为 $X=x_1x_2x_3\cdots x_m$，且 $Y=y_1y_2y_3\cdots y_n$。它们存在 LCS，假定为 Z，其中 $Z=z_1z_2z_3\cdots z_k$，k 介于 0 到 m 和 n 中的较小数之间。我们如何推断出 Z 的值呢？让我们看看 X 和 Y 的最后一个字符：x_m 和 y_n。这两个字符或者相等，或者不等。

● 如果 x_m 和 y_n 相等，那么 Z 的最后一个字符 z_k 一定与 x_m 和 y_n 相等。对于 Z

的其余部分，$Z_{k-1}=z_1z_2z_3\cdots z_{k-1}$ 是什么呢？我们知道 Z_{k-1} 必定是 X 和 Y 的剩余部分的 LCS，也就是 $X_{m-1}=x_1x_2x_3\cdots x_{m-1}$ 和 $Y_{n-1}=y_1y_2y_3\cdots y_{n-1}$ 的 LCS。从上述例子中——其中 $X=$ CATCGA，$Y=$ GTACCGTCA，而其中一个 LCS 是 $Z=$ CTCA——最后一个字符，A 是 X 和 Y 的最后一个字符，同时它也是 Z 的最后一个字符，并且我们看到 $Z_3=$ CTC 必定是 $X_5=$ CATCG 和 $Y_8=$ GTACCGTC 的 LCS。

- 如果 x_m 和 y_n 不相等，那么 Z 的最后一个字符 z_k 要么与 x_m 相等，要么与 y_n 相等，但是不可能与这两个字符均相等。也或者是 z_k 既不等于 x_m，也不等于 y_n。如果 z_k 不等于 x_m，那么去掉 X 的最后一个字符再与 Y 进行比较：Z 必定是 X_{m-1} 和 Y 的 LCS。同样地，如果 z_k 不等于 y_n，那么去掉 Y 的最后一个字符再与 X 进行比较：Z 必定是 X 和 Y_{n-1} 的 LCS。继续采用上述例子——令 $X=$ CATCG，$Y=$ GTACCGTC，$Z=$ CTC——这里 z_3 等于 y_8（C），但是不等于 x_5（G），因此 Z 是 $X_4=$ CATC 和 Y 的 LCS。

因此，这个问题具有最优子结构：两个字符串的 LCS 包含这两个字符串前缀的 LCS。

是如何执行的呢？我们需要解决这两个子问题之中的任意一个子问题，这取决于 X 和 Y 的最后一个字符是否相等。如果它们相等，那么我们仅仅需要解决一个子问题——找到 X_{m-1} 和 Y_{n-1} 的 LCS——随后将 X 和 Y 的最后一个字符加上以得到 X 和 Y 的 LCS。如果 X 和 Y 的最后一个字符不相同，那么我们必须解决两个子问题——找到 X_{m-1} 和 Y 的 LCS，找到 X 和 Y_{n-1} 的 LCS——并且使用这两个公共子序列中的较长公共子序列作为 X 和 Y 的 LCS。如果这两个最长公共子序列具有相同的长度，那么选择任意一个——均没有任何关系。

我们将用两步解决 X 和 Y 的 LCS 问题。首先，我们找到 X 和 Y 的 LCS 的长度，同时找出 X 和 Y 的所有前缀的最长公共子序列的长度。你可

117

能很惊讶，当还不知道 LCS 是什么时，我们就能得出 LCS 的长度。计算出
LCS 的长度后，我们将"逆序设计"如何根据计算出的长度来寻找 X 和 Y
的最长公共子序列。

我们将前缀X_i和Y_j的 LCS 的长度简写为 $l[i, j]$。X 和 Y 的 LCS 的长
度简记为 $l[m, n]$。令索引 i 和 j 从 0 开始，因为如果任意一个前缀的长度
为 0，我们就能得出它们的 LCS：即一个空字符串。换句话说，对于任意的
i 和 j，$l[0, j]$ 和 $l[i, 0]$ 均等于 0。当 i 和 j 均是正数时，我们需要通过
更小的 i 值或者 j 值来确定 $l[i, j]$ 的值。

- 如果 i 和 j 均是正数，且x_i和y_j相同，那么 $l[i, j]$ 等于 $l[i-1, j-1]+1$。

- 如果 i 和 j 均是正数，但x_i和y_j不同，那么 $l[i, j]$ 等于 $l[i, j-1]$ 和 $l[i-1, j]$中的较大值。

将 $l[i, j]$ 的值想象为存储在一个表中。按照索引 i 和 j 的增长顺序，
我们需要依次计算出这些值。对于示例字符串，下图是对应的$l[i, j]$表
（一会我们将看到阴影蓝色所表示的含义）：

	j	0	1	2	3	4	5	6	7	8	9
	y_j		G	T	A	C	C	G	T	C	A
i	x_i	$l[i, j]$									
0		0	0	0	0	0	0	0	0	0	0
1	C	0	0	0	0	1	1	1	1	1	1
2	A	0	0	0	1	1	1	1	1	1	2
3	T	0	0	1	1	1	1	2	2	2	2
4	C	0	0	1	1	2	2	2	3	3	3
5	G	0	1	1	1	2	2	3	3	3	3
6	A	0	1	1	2	2	2	3	3	3	4

例如，$l[5, 8]$是 3，这意味着X_5＝CATCG，Y_8＝GTACCGTC 的 LCS
的长度为 3，正如我们在本节前面所看到的那样。

按照索引增加的顺序，为了计算出表中的值，在计算出一个特定项 $l[i, j]$ 之前（其中 i 和 j 均是正数），我们需要计算出 $l[i, j-1]$ 项（位于 $l[i, j]$ 的左侧），$l[i-1, j]$ 项（位于 $l[i, j]$ 的上侧），及 $l[i-1, j-1]$ 项（位于 $l[i, j]$ 的左上侧）⊖。以这种方式很容易计算出表中的各项：我们可以逐行计算，且每行自左向右计算；也可以逐列计算，而每列自顶向下计算。

下面的这个程序将表看作一个二维数组 $l[0..m, 0..n]$。当最左侧的列和最上侧的行均被填充为 0 后，随后它会逐行地对数组的剩余部分进行填充。

[118]

程序 COMPUTE-LCS-TABLE(X，Y)

输入：

● X 和 Y：两个长度分别为 m 和 n 的字符串。

输出：数组 $l[0..m, 0..n]$。$l[m, n]$ 的值是 X 和 Y 的最长公共子序列的长度。

1. 创建一个新数组 $l[0..m, 0..n]$。

2. 令 i 从 0~m 依次取值：

    A. 将 $l[i, 0]$ 赋值为 0。

3. 令 j 从 0~n 依次取值：

    A. 将 $l[0, j]$ 赋值为 0。

4. 令 i 从 1~m 依次取值：

    A. 令 j 从 1~n 依次取值：

        i. 如果 x_i 与 y_j 相同，那么将 $l[i, j]$ 赋值为 $l[i-1, j-1]+1$。

        ii. 否则（x_i 与 y_j 不同），将 $l[i, j]$ 赋值为 $l[i, j-1]$ 和 $l[i-1, j]$ 中的较大值。如果 $l[i, j-1]$ 等于 $l[i-1, j]$，将 $l[i, j]$ 取 $l[i, j-1]$ 或 $l[i-1, j]$ 均可。

5. 返回数组 l。

⊖ 此时提及 $l[i-1, j-1]$ 也是冗余的，因为在计算出 $l[i, j-1]$ 和 $l[i-1, j]$ 之前已经计算出了 $l[i-1, j-1]$ 的值。

由于对表中的每项进行填充均需要花费常量时间，并且表中包含 $(m+1) \cdot (n+1)$ 项，因此 COMPUTE-LCS-TABLE 需要花费的运行时间为 $\Theta(mn)$。

好消息是，一旦计算出 $l[i, j]$ 表，表中的最右下角的项就给我们提供了 X 和 Y 的 LCS 的长度。坏消息是，表中的任何一项均不会说明相应的 LCS 的实际字符。我们能利用这个表、字符串 X 和 Y，在 $O(m+n)$ 的时间内构建出 X 和 Y 的 LCS。利用 $l[i, j]$ 和与它相关的值：x_i，y_j，$l[i-1, j-1]$，$l[i, j-1]$ 和 $l[i-1, j]$，通过逆序设计如何得到 $l[i, j]$ 计算表的过程来计算出 X 和 Y 的 LCS。

我喜欢将这个程序写成递归形式，其中我们自后向前地得出 LCS 中的每一个字符。递归程序如下，当发现 X 和 Y 具有相同的字符时，程序将这个字符附加到当前得到的 LCS 的最后。初始调用为 ASSEMBLE-LCS(X, Y, l, m, n)。

程序　ASSEMBLE-LCS(X, Y, l, i, j)

输入：

● X 和 Y：两个字符串。

● l：调用 COMPUTE-LCS-TABLE 程序返回的填充好的数组。

● i 和 j：分别指向数组 X 和 Y 的索引，以及指向数组 l 的索引。

输出：X_i 和 Y_j 的 LCS（最长公共子序列）。

1. 如果 $l[i, j]$ 等于 0，那么返回空串。

2. 否则（因为 $l[i, j]$ 大于 0，i 和 j 均大于 0），如果 x_i 等于 y_j，那么返回由递归调用 ASSEMBLE-LCS(X, Y, l, $i-1$, $j-1$) 所返回的字符串，再在返回的字符串的末尾加上 x_i（或者 y_j）所组成的字符串。

3. 否则（x_i 不等于 y_j），如果 $l[i, j-1]$ 大于 $l[i-1, j]$，那么

> 返回递归调用 ASSEMBLE-LCS（X，Y，l，i，$j-1$）所返回
> 的字符串。
>
> 4. 否则（x_i不等于y_j并且 $l[i$，$j-1]$ 小于等于 $l[i-1$，$j]$），那
>   么返回递归调用 ASSEMBLE-LCS（X，Y，l，$i-1$，j）所返
>   回的字符串。

在本节前面的表中，阴影蓝色的 $l[i$，$j]$ 项表示初始调用为 ASSEM-
BLE-LCS（X，Y，l，6，9)时递归所遍历的项，并且阴影蓝色的 x_i 字符是
那些被附加到正在被创建的 LCS 后的字符。为了得出 ASSEMBLE-LCS 是
如何工作的，我们从 $i=6$ 和 $j=9$开始遍历。这时，我们发现x_6和y_9均是字
符 A。因此，A 是X_6和Y_9的 LCS 的最后一个字符，因此执行第 2 步的递归
操作。此时递归调用中 $i=5$，$j=8$。这时，我们发现x_5和y_8代表不同的字
符，且 $l[5$，$7]$ 等于$l[4$，$8]$，因此执行第 4 步的递归调用。此时递归调用
中 $i=4$，$j=8$。如此等等。如果自顶向下地依次读取阴影灰色的x_i字符时， |120|
你会得到字符串 CTCA，这便是一个 LCS。如果当 $l[i$，$j-1]$ 等于 $l[i-1$，
$j]$ 时，我们并不向左走（第 3 步），而是选择向上走（第 4 步），那么产生
的 LCS 便是 TCGA。

ASSEMBLE-LCS 程序为何会花费 $O[m+n]$ 时间呢？可观察到每次递
归调用中，要么 i 减小，要么 j 减小，或者两个均减小。因此，经过 $m+n$
次递归调用后，我们保证了这两个索引中必有一个索引降到了 0，递归会执
行第 1 步。

7.2　字符串转换

现在看看如何将一个字符串 X 转换为另一个字符串 Y。我们假定从字符
串 X 向字符串 Y 的转换是逐字符转换的。我们假定 X 和 Y 分别包含 m 和 n 个
字符。在这之前，我们将字符串的第 i 个字符表示为以字符串的小写字母表
示，并且以 i 作为下标，因此 X 的第 i 个字符为x_i，Y 的第 j 个字符为y_j。

为了将 X 转换为 Y，我们将构建一个被称为 Z 的字符串，因此当完成后，Z 和 Y 完全相同。我们对 X 维持一个索引 i，同时对 Z 维持一个索引 j。通过执行一系列特定的转换操作，这些转换操作可能会更改 Z 和这些索引。令 i 和 j 从 1 开始，并且在执行过程中必须检查 X 的每个字符，这意味着当且仅当 i 等于 $m+1$ 时，程序才会终止。

如下是我们要考虑的操作：

- **拷贝** X 中的一个字符 x_i 到 Z，通过将 z_j 设置为 x_i，同时将 i 和 j 均自增 1。

- **替换** X 中的一个字符 x_i 为 a，并且将 z_j 设置为 a，同时将 i 和 j 均自增 1。

- **删除** X 中的一个字符 x_i，通过将 i 自增 1，而 j 保持不变。

- **插入**一个字符 a 到 Z 中，通过将 z_j 设置为 a，并且将 j 自增 1，而 i 保持不变。

其他操作也是可能的——例如交换两个邻接字符，或者在一个操作中将从 x_i 到 x_m 的字符删除——但是这里我们仅仅考虑拷贝、替换、删除和插入操作。

作为一个例子，如下是将字符串 ATGATCGGCAT 转换成字符串 CAAT-GTGAATC 所进行的一系列操作，其中经过每个操作后，阴影蓝色的字符为相应的 x_i 和 z_j：

[121]

操作	X	Z
初始字符串	ATGATCGGCAT	
删除 A	ATGATCGGCAT	
将 T 替换为 C	ATGATCGGCAT	C
将 G 替换为 A	ATGATCGGCAT	CA
拷贝 A	ATGATCGGCAT	CAA

（续）

操作	X	Z
拷贝 T	ATGATCGGCAT	CAAT
将 C 替换为 G	ATGATCGGCAT	CAATG
将 G 替换为 T	ATGATCGGCAT	CAATGT
拷贝 G	ATGATCGGCAT	CAATGTG
将 C 替换为 A	ATGATCGGCAT	CAATGTGA
拷贝 A	ATGATCGGCAT	CAATGTGAA
拷贝 T	ATGATCGGCAT	CAATGTGAAT
插入 C	ATGATCGGCAT	CAATGTGAATC

其他的操作序列也可以将字符串 ATGATCGGCAT 转换成字符串 CAATGTGAATC。例如，我们可以依次轮流地删除 X 中的字符，随后依次将 Y 中的字符插入到 Z 中。

每种转换操作均会产生一定的代价，这是仅仅依赖于操作的类型而不依赖于当前被执行操作的字符的一个常量。我们的目标是寻找将 X 转换为 Y 的一系列操作中具有最小代价的操作序列。让我们将拷贝操作的代价表示为 c_C，将替换操作的代价表示为 c_R，将删除操作的代价表示为 c_D，将插入操作的代价表示为 c_I。在上述例子的一系列操作中，总共的代价为 $5c_C + 5c_R + c_D + c_I$。我们应该假定 c_C、c_R 均小于 $c_D + c_I$，因为否则的话，我们就会使用 $c_D + c_I$ 对字符进行操作，从而取代 c_C，或者使用 $c_D + c_I$ 对不同的字符进行操作，从而取代 c_R。

为什么你想要将一个字符串转换为另一个字符串呢？计算生物学中有一个应用。计算生物学家通常将两个 DNA 序列对齐以衡量两个 DNA 序列的相似性如何。在将两个序列 X 和 Y 对齐的一种方法中，设最终序列分别为 X' 和 Y'，通过在初始序列 X 和 Y（或在任意一个序列）中插入空格，保证 X' 和 Y' 中有尽可能多的相同字符，且最终 X' 和 Y' 长度相同，但在同一个位置不可能同为空格。也就是说，我们不允许 x_i' 和 y_i' 同时是一个空格。经过调整后，我们会对每个位置分配一个得分：

- −1 如果 x'_i 和 y'_i 相同，但均不是空格。

- +1 如果 x'_i 和 y'_i 不同，且均不是空格。

- +2 如果 x'_i 和 y'_i 的其中一个为空格时。

对齐所得的分数为每个位置上的得分和。分数越低，两个字符串就越匹配。对于上述例子中的字符串，我们能对它们进行如下调整，其中⊔表示一个空格：

X'：ATGATCG⊔GCAT⊔

Y'：⊔CAAT⊔GTGAATC

　　 ∗＋－－ ∗－∗－＋－－∗

在位置下的－表明该位置上的得分为−1，＋表明该位置上的得分为+1，∗表明该位置上的得分为+2。该特定的对齐方式的总得分为 $(6 \cdot -1) +$ $(3 \cdot 1) + (4 \cdot 2)$，即为 5。

存在许多插入空格的方式能实现将两个序列对齐。为了找到能产生最佳匹配的方式——即具有最低分数——我们使用具有代价为 $c_C = -1$，$c_R = +1$，$c_D = c_I = +2$ 的字符串转换。得到匹配的相同字符越多，匹配结果越好，并且拷贝操作的负的代价为相同字符串匹配提供了有利因素。Y' 中的空格对应着一个删除字符，因此在上述例子中，Y' 的第一个空格相当于删除了 X 的第一个字符（A）。X' 的第一个空格相当于一个插入字符，因此在上述例子中，X' 的第一个空格相当于插入了一个字符 T。

因此让我们看看如何将字符串 X 转换为另一个字符串 Y。我们使用了动态规划技术，子问题形为"将前缀字符串 X_i 转换为前缀字符串 Y_j"，其中 i 取值为 0 到 m，j 取值为 0 到 n。我们称这一子问题为"$X_i \rightarrow Y_j$ 问题"，并且我们从 $X_m \rightarrow Y_n$ 开始解决这一问题。让我们将 $X_i \rightarrow Y_j$ 问题的最优解代价表示为 $cost[i, j]$。例如，令 $X = $ ACAAGC，$Y = $ CCGT，因此我们想要解决

$X_6 \to Y_4$ 问题，并且将使用对齐 DNA 序列的操作代价：$c_C = -1$，$c_R = +1$，$c_D = c_I = +2$。我们将解决形为 $X_i \to Y_j$ 的子问题，其中 i 从 0～6 变化，而 j 从 0～4 变化。例如，$X_3 \to Y_2$ 问题是将前缀字符串 $X_3 = $ ACA 转换为前缀字符串 $Y_2 = $ CC。

很容易判别出当 i 或者 j 等于 0 时，$cost[i, j]$ 的值，因为 X_0 和 Y_0 此时均是空串。将一个空串转换为 Y_j 需要通过 j 次插入操作，因此 $cost[0, j] = j \cdot c_I$。同样地，将 X_i 转换成一个空串需要通过 i 次删除操作，因此 $cost[i, 0] = i \cdot c_D$。当 i 和 j 均等于 0 时，这相当于将一个空串转换为它本身，因此 $cost[0, 0]$ 显然是 0。 123

当 i 和 j 均是正数时，我们需要检查最优子结构是如何应用于将一个字符串转换为另一个字符串中的。让我们假定——此时——我们知道哪个操作是将 X_i 转换为 Y_j 的最后一个操作。它必定是这四个操作（拷贝、替换、删除、插入）之一。

- 如果最后一个操作符是拷贝，那么 x_i 和 y_j 必定具有相同的字符。剩下的子问题是将 X_{i-1} 转换为 Y_{j-1}，并且 $X_i \to Y_j$ 问题的最优解必定包含 $X_{i-1} \to Y_{j-1}$ 问题的最优解。为什么呢？因为如果我们已经找到了 $X_{i-1} \to Y_{j-1}$ 问题的一个解，但并不是具有最小代价的解，我们可以使用一个具有最小代价的解来代替它，从而获得一个关于 $X_i \to Y_j$ 问题的最优解。因此，假设最后一个操作为拷贝，那么我们知道 $cost[i, j] = cost[i-1, j-1] + c_C$。

  在我们的例子中，我们看看 $X_5 \to Y_3$ 这个问题。x_5 和 y_3 均是字符 G，因此如果最后一个操作是**拷贝 G**，因为 $c_C = -1$，我们一定会得到 $cost[5, 3] = cost[4, 2] - 1$。如果 $cost[4, 2]$ 是 4，那么 $cost[5, 3]$ 必定等于 3。如果我们已经找到了一个关于 $X_4 \to Y_2$ 问题的代价小于 4 的解决方案，那么可以使用这个解决方案使得 $X_5 \to Y_3$ 问题的代价小于 3。

- 如果最后一个操作符是替换，并且在合理的假设下，我们不可能将一个字符与它本身进行"替换"，那么 x_i 和 y_j 必定不同。和拷贝操作一样，我们使用相同的最优子结构证明方式，可以看到，假定最后一个操作为替换时，$cost[i, j] = cost[i-1, j-1] + c_R$。

  在我们的例子中，让我们考虑下 $X_5 \rightarrow Y_4$ 这个问题。此时，x_5 和 y_4 具有不同的字符（分别是 G 和 T），因此如果最后一个操作是将 G **替换**为 T，那么因为 $c_R = +1$，我们一定会得到 $cost[5, 4] = cost[4, 3] + 1$。如果 $cost[4, 3]$ 是 3，那么 $cost[5, 4]$ 必定等于 4。

- 如果最后一个操作符是删除，那么我们对 x_i 和 y_j 就没有了任何限制。将删除操作看作跳过 x_i 字符，而前缀 Y_j 不变，因此我们要解决的子问题就是 $X_{i-1} \rightarrow Y_j$ 问题。假定最后一个操作为删除时，$cost[i, j] = cost[i-1, j] + c_D$。

  在我们的例子中，让我们考虑下 $X_6 \rightarrow Y_3$ 这个问题。如果最后一个操作为**删除**时（删除的字符必定是 x_6，即 C），然后因为 $c_D = +2$，我们一定会得到 $cost[6, 3] = cost[5, 3] + 2$。如果 $cost[5, 3]$ 是 3，那么 $cost[6, 3]$ 必定等于 5。

- 最终，如果最后一个操作符是插入，它使得 X_i 不变，而添加了字符 y_j，并且要解决的子问题为 $X_i \rightarrow Y_{j-1}$。假定最后一个操作为插入时，$cost[i, j] = cost[i, j-1] + c_I$。

  在我们的例子中，让我们考虑下 $X_2 \rightarrow Y_3$ 这个问题。如果最后一个操作为插入时（插入的字符必定是 y_3，即 G），然后因为 $c_I = +2$，我们一定会得到 $cost[2, 3] = cost[2, 2] + 2$。如果 $cost[2, 2]$ 是 0，那么 $cost[2, 3]$ 必定等于 2。

当然，我们提前并不知道这四个操作哪个是最后一个使用到的。我们想要使用能产生最小 $cost[i, j]$ 值的操作。对于一个给定的 i, j 组合，这四个操作中的三个均适用。当 i 和 j 均是正数时，删除和插入操作均适用，但是依据当前x_i和y_j所表示的字符是否相同，只能适用于拷贝和替换中的一种情况。为了从已经计算出的 $cost$ 值计算出 $cost[i, j]$ 值，首先确定应该选择拷贝操作还是替换操作，并且计算出三种可能操作中的最小值，将其作为 $cost[i, j]$ 值。也就是说，$cost[i, j]$ 是下列四个值中最小的一个：

- $cost[i-1, j-1]+c_C$，但是仅仅当x_i和y_j具有相同的字符；

- $cost[i-1, j-1]+c_R$，但是仅仅当x_i和y_j具有不同的字符；

- $cost[i-1, j]+c_D$；

- $cost[i, j-1]+c_I$。

正如计算 LCS 时需要填充 l 表一样，我们能对 $cost$ 表进行逐行填充。那是因为，就像 l 表一样，$cost[i, j]$ 中的每项（其中 i 和 j 均是正数）依赖于已经计算出的左侧、上侧和左上侧的项。

除了 $cost$ 表之外，我们还要填充 op 表，其中 $op[i, j]$ 表示将X_i转化为Y_j时所需进行的最后一个操作。我们能在填充 $cost[i, j]$ 的同时填充 $op[i, j]$项。下面的 COMPUTE-TRANSFORM-TABLES 程序逐行地填充 $cost$ 和 op 表，并且将 $cost$ 和 op 表看作二维数组。

125

程序 COMPUTE-TRANSFORM-TABLES $(X, Y, c_C, c_R, c_D, c_I)$

输入：
- X 和 Y：两个长度分别为 m，n 的字符串。
- c_C, c_R, c_D, c_I：分别表示拷贝、替换、删除、插入操作的代价。

输出：数组 $cost[0..m, 0..n]$ 和 $op[0..m, 0..n]$。$cost[i, j]$ 的值表示将前缀X_i转换成前缀Y_j的最小代价，因此 $cost[m, n]$ 的值表示将 X 转换成 Y 的最小代价。$op[i, j]$ 中存放的操作是将前缀X_i转换成Y_j的最后一个操作。

1. 创建两个新数组 $cost[0..m, 0..n]$ 和 $op[0..m, 0..n]$。

2. 将 $cost[0, 0]$ 赋值为 0。

3. 令 i 从 1 到 m 依次取值：

   A. 将 $cost[i, 0]$ 赋值为 $i \cdot c_D$，将 $op[i, 0]$ 赋值为**删除** x_i。

4. 令 j 从 1 到 n 依次取值：

   A. 将 $cost[0, j]$ 赋值为 $j \cdot c_I$，将 $op[0, j]$ 赋值为**插入** y_j。

5. 令 i 从 1 到 m 依次取值：

   A. 令 j 从 1 到 n 依次取值：

   （判定当前适合应用**拷贝**操作还是**替换**操作，从以下三个可选的操作中选择能使 $cost[i, j]$ 最小的操作，并将 $cost[i, j]$、$op[i, j]$ 赋予相应的值。）

   i. 将 $cost[i, j]$、$op[i, j]$ 赋值如下：

      a. 如果 x_i 和 y_j 相同，那么将 $cost[i, j]$ 赋值为 $cost[i-1, j-1]+c_C$，将 $op[i, j]$ 赋值为**拷贝** x_i。

      b. 否则（x_i 和 y_j 不同），将 $cost[i, j]$ 赋值为 $cost[i-1, j-1]+c_R$，将 $op[i, j]$ 赋值为**替换** x_i。

   ii. 如果 $cost[i-1, j]+c_D < cost[i, j]$，那么将 $cost[i, j]$ 赋值为 $cost[i-1, j]+c_D$，将 $op[i, j]$ 赋值为**删除** x_i。

   iii. 如果 $cost[i, j-1]+c_I < cost[i, j]$，那么将 $cost[i, j]$ 赋值为 $cost[i, j-1]+c_I$，将 $op[i, j]$ 赋值为**插入** y_j。

6. 返回数组 $cost$ 和数组 op。

下表显示了依据 COMPUTE-TRANSFORM-TABLES 程序，利用 $c_C = -1$、$c_R = +1$、$c_D = c_I = +2$ 代价，将 $X = $ ACAAGC 转换为 $Y = $ CCGT 所得出的 $cost$ 和 op 表。表的第 i 行、第 j 列是相应的 $cost[i, j]$ 和 $op[i, j]$ 值，其中 op 是操作（operation）的缩写。例如，当将 $X_5 = $ ACAAG 转换为 $Y_2 = $ CC 时，最后一个操作是将 G 替换为 C，将 ACAAG 转换为 CC 的一个最优操作序列具有的总代价为 6。

j		0	1	2	3	4
	y_j		C	C	G	T
i	x_i					
0		0	2	4	6	8
			插入 C	插入 C	插入 G	插入 T
1	A	2	1	3	5	7
		删除 A	将 A 替换为 C	将 A 替换为 C	将 A 替换为 G	将 A 替换为 T
2	C	4	1	0	2	4
		删除 C	拷贝 C	拷贝 C	插入 G	插入 T
3	A	6	3	2	1	3
		删除 A	删除 A	将 A 替换为 C	将 A 替换为 G	将 A 替换为 T
4	A	8	5	4	3	2
		删除 A	删除 A	将 A 替换为 C	将 A 替换为 G	将 A 替换为 T
5	G	10	7	6	3	4
		删除 G	删除 G	将 G 替换为 C	拷贝 G	将 G 替换为 T
6	C	12	9	6	5	4
		删除 C	拷贝 C	拷贝 C	删除 C	将 C 替换为 T

COMPUTE-TRANSFORM-TABLES 程序填充表中的每一项均能在常量时间内完成，就像 COMPUTE-LCS-TABLE 程序一样。因为每个表均包含 $(m+1) \cdot (n+1)$ 项，因此 COMPUTE-TRANSFORM-TABLES 程序的运行时间为 $\Theta(mn)$。

为了构建出将 X 转换为 Y 的操作序列，我们从最后一项 $op[m, n]$ 来查询 op 表。正如 ASSEMBLE-LCS 程序一样，我们递归地执行操作，将每个在 op 表上遇到的操作附加在操作序列的最后。ASSEMBLE-TRANS-FORMATION 程序如下所示。初始调用为 ASSEMBLE-TRANSFORMA-TION(op, m, n)。将 $X =$ ACAAGC 转换为一个与 $Y =$ CCGT 相同的字符串 Z 所需要的操作序列如下图所示。

操作	X	Z
初始字符串	ACAAGC	
删除 A	ACAAGC	
拷贝 C	ACAAGC	C
删除 A	ACAAGC	C
将 A 替换为 C	ACAAGC	CC
拷贝 G	ACAAGC	CCG
将 C 替换为 T	ACAAGC	CCGT

程序   ASSEMBLE-TRANSFORMATION(op, i, j)

输入：

- op：调用 COMPUTE-TRANSFORM-TABLES 所返回的填充的操作表。
- i 和 j：op 表中的索引。

输出：将字符串 X 转化为字符串 Y 的一系列操作（其中 X、Y 是 COMPUTE-TRANSFORM-TABLES 的输入字符串）。

1. 如果 i 和 j 均等于 0，那么返回一个空序列。
2. 否则（i 和 j 中至少有一个大于 0），执行如下操作：
   A. 如果 $op[i, j]$ 是**拷贝**或者**替换**操作，那么将由首次递归调用 ASSEMBLE-TRANSFORMATION(op, $i-1$, $j-1$) 所返回的字符串，再附加上 $op[i, j]$ 作为递归返回的字符串。
   B. 否则（$op[i, j]$ 既不是**拷贝**操作，也不是**替换**操作），那么如果 $op[i, j]$ 是一个**删除**操作，那么将由首次递归调用 ASSEMBLE-TRANSFORMATION(op, $i-1$, j) 所返回的字符串，再附加上 $op[i, j]$ 作为递归返回的字符串。
   C. 否则（$op[i, j]$ 既不是**拷贝**操作，也不是**替换**操作，又不是**删除**操作，因此它必定是**插入**操作），那么将由首次递归调用 ASSEMBLE-TRANSFORMATION(op, i, $j-1$) 所返回的字符串，再附加上 $op[i, j]$ 作为递归返回的字符串。

正如在 ASSEMBLE-LCS 中，ASSEMBLE-TRANSFORMATION 程序的每次递归调用会将 i 或者 j 减一，或者将两者同时减一，递归最多会经过 $m+n$ 次递归调用最终到达底部。由于每次递归调用在递归前和递归后均会花费常量时间，ASSEMBLE-TRANSFORMATION 程序一共会花费 $O(m+n)$ 时间。

ASSEMBLE-TRANSFORMATION 程序的一个精妙之处是能够进行更细致的检查。当且仅当 i 和 j 同时为 0 递归到达最底部时。假定 i 和 j 之中只有一个为 0，而不是两个均为 0。第 2A 步会使得 i 和 j 均减 1，第 2B 步会使得 i 减 1，第 2C 步会使得 j 减 1。会不会产生一种递归调用使得 i 或者 j 的值变为 −1 呢？幸运的是，不会出现这种情况。假定在 ASSEMBLE-TRANSFORMATION 程序的一次调用中，$j=0$ 而 i 是一个正数。根据已经创建的 op 表，$op[i, 0]$ 表示一个删除操作，因此会执行第 2B 步。第 2B 步的递归调用为 ASSEMBLE-TRANSFORMATION$(op, i-1, j)$，因此递归调用后 j 的值仍然为 0。同样地，如果 $i=0$ 而 j 是一个正数，那么 $op[0, j]$ 就是一个插入操作，此时会执行第 2C 步，执行 ASSEMBLE-TRANSFORMATION$(op, i, j-1)$ 的递归调用后，i 的值仍然为 0。

7.3 字符串匹配

在字符串匹配问题中，假定有两个字符串：一个**文本串**（text string）T 和一个**模式串**（pattern string）P。我们想要在 T 中查找 P 的所有出现情况。我们将使用"text"和"pattern"的缩写，并且假定文本串和模式串分别包含 n 和 m 个字符，其中 $m \leqslant n$（在文本串中查找比文本串还长的模式串没有任何意义）。我们将模式串 P 表示为 $p_1 p_2 p_3 \cdots p_m$，将文本串 T 表示为 $t_1 t_2 t_3 \cdots t_n$。

126 ~ 129

因为想要在文本串 T 中查找模式串 P 的所有出现，一种解决方案是通过不断地对模式串 P 进行偏移操作，在 T 中查找模式串 P 的出现次数。换句话说，如果文本串 T 以位置 t_{s+1} 开始的子串与模式串 P 相同，我们称模式串 P 在文本串 T 中**出现**，且**偏移**为 s：即 $t_{s+1}=p_1$，$t_{s+2}=p_2$，依次类推得 $t_{s+m}=p_m$。最小可能偏移为 0，并且因为模式串不应该超过文本串的末尾，因此最大可能偏移为 $n-m$。我们想要知道 P 在 T 中出现的所有偏移位置。例如，如果文本串 T 是 GTAACAGTAAACG，模式串 P 为 AAC，那么 P 出现在 T 中的所有可能偏移是 2 和 9。

如果要检查模式串 P 是否在文本串 T 的指定偏移位置 s 上出现，那么我们将必须对 P 的 m 个字符与 T 的相应字符一一核对。假定判定 P 中的某个字符与 T 中的某个字符是否相同需要花费常量时间，那么在最坏情况下检查 m 个字符是否相同所耗费的时间为 $\Theta(m)$。当然，一旦发现 P 中的某个字符与 T 中的相应字符不匹配，那么就不必检查剩余的字符了。如果每个偏移位置上，模式串 P 均在文本串 T 上出现，那么就会发生最坏情况。

对于每种可能的偏移，即偏移位置从 0 到 $n-m$，依次检查模式串是否与文本串相匹配，这种操作相当简单。对于模式串 AAC，文本串 GTAACAGTAAACG，针对每种可能的偏移，匹配判定过程如下，其中匹配的字符以阴影蓝色表示。

偏移量	文本串和模式串	偏移量	文本串和模式串
0	GTAACAGTAAACG AAC	6	GTAACAGTAAACG AAC
1	GTAACAGTAAACG AAC	7	GTAACAGTAAACG AAC
2	GTAACAGTAAACG AAC	8	GTAACAGTAAACG AAC
3	GTAACAGTAAACG AAC	9	GTAACAGTAAACG AAC
4	GTAACAGTAAACG AAC	10	GTAACAGTAAACG AAC
5	GTAACAGTAAACG AAC		

[130]

然而，这种简单的方法效率很低：一共有 $n-m+1$ 种可能的偏移位置，且对于每个偏移位置，它需要花费 $O(m)$ 时间进行检查操作，因此总共的运行时间为 $O((n-m)m)$。我们几乎需要对文本串中的每个字符检查 m 次。

我们能做得更好，因为这个简单的方法针对每种可能的偏移情况均对模式串进行一次判定，这实际上丢弃了非常有价值的信息。在上述例子中，当偏移值 $s=2$ 时，对字符进行检查操作，我们已经看到了子串的所有字符

为 $t_3t_4t_5$＝AAC。但是在下一个偏移位置，s＝3 时，我们又检查了一遍 t_4 和 t_5。如果能尽可能地避免对这些字符检查多次，那么它的效率会更高。让我们考察一个关于字符串匹配问题的更好方法，它会避免重复浏览字符所浪费的时间。此时不再是对文本串中的每个字符检查 m 次，而是仅仅对文本串中的每个字符检查一次。

这个效率更高的方法依赖于**有穷自动机**（finite automation）。尽管这个名字听起来很高大上，但是它的原理却非常简单。有穷自动机应用非常广泛，但是这里我们仅仅关注有穷自动机在字符串匹配问题中的应用。一个有穷自动机，或者简称为 **FA**，仅仅是一系列**状态**和基于一系列输入字符的状态转移路径。有穷自动机以一种特殊的状态作为输入，自输入消耗字符，一次消耗一个字符。基于当前有穷自动机所处的状态和它刚刚消耗的字符，它会转移到下一个新的状态。

在字符串匹配应用中，输入序列是文本串 T 的字符，且有穷自动机 FA 具有 $m+1$ 种状态，其中 $m+1$ 等于模式串 P 的字符个数加一，这 $m+1$ 种状态依次编号为 0 到 m。（"有穷自动机"中的"有穷"表示有穷自动机的状态个数是有穷的。）FA 开始于状态 0。当它处于状态 k 时，它所消耗的最近 k 个文本字符与模式串中的前 k 个字符一致。因此，只要 FA 到达了状态 m，当前文本就已经匹配上了整个模式串。

让我们看一个例子，这里仅仅使用了字符 A、C、G、T。假定模式串为 ACA-CAGA，即包含了 m＝7 个字符。如下是相对应的 FA，其中状态为从 0～7：

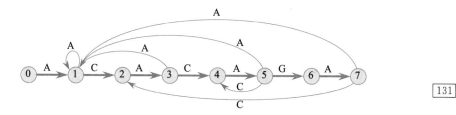

圆圈代表状态，上面带有字符标记的箭头表明 FA 状态间是如何通过输入

131

字符进行转移的。例如，从状态 5 出发的箭头上分别标有 A、C 和 G。进入状态 1 的箭头上标记为 A，这表明当 FA 处于状态 5 时，当它消耗文本字符 A 时，它会转移到状态 1。同样地，进入状态 4 的箭头上标记为 C，这表明当 FA 处于状态 5 时，当它消耗文本字符 C 时，它会转移到状态 4。注意，FA 的水平"刺"（spine）以加粗箭头表示，且将"刺"上的箭头上方标记自左向右读时，便得出模式 ACACAGA。只要模式串出现在文本串中，FA 便对每个字符均向右移动一个状态，直到它到达最后一个状态，这表明已经找到了模式串在文本串中的一次出现。同时也请注意缺少一些箭头，例如不存在任意一个被标记为 T 的箭头。如果不存在这样的箭头，那么相应的转换会转向状态 0。

　　FA 内部会存储一个 *next-state* 表，这是一个由所有状态和所有可能的输入字符作为索引的一个表。*next-state*[s, a] 表示如果 FA 当前处于状态 s，并且它刚刚消耗了文本中的字符 a，那么它会转移到的状态编号。对于模式串 ACACAGA，*next-state* 表如下：

状态	字符			
	A	C	G	T
0	1	0	0	0
1	1	2	0	0
2	3	0	0	0
3	1	4	0	0
4	5	0	0	0
5	1	4	6	0
6	7	0	0	0
7	1	2	0	0

　　对于每个匹配上模式的字符，FA 均会将当前状态向右移动一个状态，并且对于每个未能和模式相匹配的字符，该状态会向左移动一个状态，或者还是保持在原状态（*next-state*[1, A]=1）。随后我们将看到如何构建 *next-state* 表，但是首先探寻下当模式串为 AAC，输入文本串为 GTAACAGTAAACG

时，所得到的 FA。如下是相应的 FA：

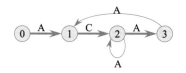

132

从这张图中，能推断出 *next-state* 表如下：

状态	字符			
	A	C	G	T
0	1	0	0	0
1	2	0	0	0
2	2	3	0	0
3	1	0	0	0

如下是 FA 要转移到的状态及要到达那个状态所需要消耗的文本字符：

状态	0	0	0	1	2	3	1	0	0	1	2	2	3	0
字符	G	T	A	A	C	A	G	T	A	A	A	C	G

我已经将 FA 两次到达状态 3 的位置加了蓝色阴影，由于只要它到达状态 3，都表明它已经找到了模式串 AAC 的一次出现。

如下是字符串匹配问题的 FA-STRING-MATCH 程序。假定 *next-state* 表已经创建完成。

> **程序** FA-STRING-MATCHER(T，*next-state*，m，n)
>
> **输入**：
> - T，n：一个文本串及文本串的长度。
> - *next-state*：状态转换表（根据待匹配的模式串所构造）。
> - m：模式串的长度。*next-state* 表的行索引是 $0 \sim m$，列索引是可能出现在文本串中的字符。
>
> **输出**：打印出模式串在文本串中出现的所有偏移位置。

1. 将 *state* 赋值为 0。

2. 令 i 从 1 到 n 依次取值：

   A. 将 *state* 赋值为 *next-state*[*state*，t_i]。

   B. 如果 *state* 等于 m，那么打印出 "The pattern occurs with shift" $i-m$。

如果对上述例子执行 FA-STRING-MATCH 程序，其中 m 等于 3，当消耗了字符t_5和t_{12}时，FA 会到达状态 3。因此，程序会输出 "Pattern occurs with shift 2"（2＝5－3）和 "Pattern occurs with shift 9"（9＝12－3）。

由于第 2 步循环的每次迭代会花费常量时间，且这一循环会精确地执行 n 次，很容易看出 FA-STRING-MATCH 的运行时间为 $\Theta(n)$。

那是简单的部分。难的是对于给定的模式构建有穷自动机的 *next-state* 表。回忆一下该思想：

当有穷自动机处于状态 k 时，它所消耗的最近 k 个文本字符与模式串的前 k 个字符一致。

为了将这一观点更加具体化，让我们回顾一下前面关于模式 ACACAGA 的 FA，并思考下为什么 *next*[5，C]＝4。如果 FA 已经到达了状态 5，那么它所消耗的文本中的最近字符为 ACACA，可以通过 FA 的 "刺" 得出这个结论。如果要消耗的下一个字符为 C，那么它不会匹配模式，FA 不可能到达状态 6。但是 FA 也不必返回到状态 0。为什么不会返回到状态 0 呢？因为现在所消耗的最近 4 个字符为 ACAC，这是模式 ACACAGA 的前 4 个字符。这就是为什么当 FA 处于状态 5，且当它消耗一个 C 时，它会转向到状态 4：它最近已看到模式串的前 4 个字符。

我们几乎已经准备好对 *next-state* 表的构建指定一些规则，但是首先需要一些定义。回忆一下，对于介于 0～m 之间的 i，模式串 P 的前缀P_i是包含 P 的前 i 个字符的子串。（当 i 是 0 时，前缀为空串。）相应地，将从 P 的末尾开始的子串定义为模式的**后缀**（suffix）。例如，AGA 是模式串 ACACAGA 的后缀。将字符串 X 和字符 a 的**连接**（concatenation）定义为将字符 a 添加到 X 的末尾组成的一个新串，并将它表示为 Xa。例如，字符串 CA 和字符 T 的连接为字符串 CAT。

最终我们已经准备好构建 $next\text{-}state[k, a]$ 了，其中 k 是一个介于 $0 \sim m$ 之间的状态编号，而 a 是一个可能出现在文本串中的任意一个字符。状态 k 时，我们刚刚看到文本前缀 P_k。也就是说，k 个最近看到的文本字符与模式串的前 k 个字符一致。当看到下一个字符，假定为 a 时，我们已经在文本中看到了 $P_k a$（P_k 与 a 的连接）。这时，我们已经看到了多长的 P 的前缀呢？该问题的另一种表达方式是多长的 P 的前缀出现在$P_k a$ 的末尾呢？该长度也就是下一个状态的编号。

更加简洁地说：

134

> 将前缀P_k（P 的前 k 个字符）和字符 a 进行连接。将得到的字符串表示为 $P_k a$。寻找既是 P 的最长前缀又是$P_k a$ 的后缀的部分。那么 $next\text{-}state[k, a]$ 就是这个最长前缀的长度。

是的，如下是几个前缀和后缀，因此让我们看看针对模式 $P =$ ACACAGA，如何确定 $next\text{-}state[5, C]$ 是 4。由于这个例子中 $k = 5$，我们取P_5，即 ACACA，并与字符 C 进行连接，从而得到 ACACAC。我们想要找到既是 ACACAGA 的前缀，又是 ACACAC 的后缀的最长字符串。由于字符串 ACACAC 等于 6，并且后缀不可能比字符串本身长，因此我们首先查看P_6，随后逐渐缩短前缀。这里，$P_6 =$ ACACAG，而它并不是 ACACAC 的后缀。因此我们考虑P_5，$P_5 =$ ACACA，它也不是 ACACAC 的后缀。下一次我们考虑P_4，$P_4 =$ ACAC。现在这个前缀同时也是 ACACAC 的后缀，因此终止操作，并且确定 $next\text{-}state[5, C]$ 应该等于 4。

你可能想要知道是否总能找到一个既是 P 的前缀，同时也是$P_k a$ 的后缀的字符串。答案是肯定的，因为空串既是每个字符串的前缀，同时也是每个字符串的后缀。当 P 的最长前缀同时也是$P_k a$ 的后缀为空串时，我们将 $next\text{-}$

$state[k, a]$ 设为 0。仍然以模式串 $P = ACACAGA$ 为例，看看如何确定 $next$-$state[3, G]$。将 P_3 与 G 连接后得到字符串 ACAG。我们将 P 的前缀，以 P_4 开始（由于 ACAG 的长度为 4）并且依次递减地进行对比。任何一个前缀 ACAC、ACA、AC、A 均不是 ACAG 的后缀，因此我们将空串作为最长的前缀。由于空串的长度为 0，因此我们将 $next$-$state[3, G]$ 设为 0。

需要花费多长时间来填充整个 $next$-$state$ 表呢？我们知道 $next$-$state$ 表中对应着 FA 中的每个状态都有一行，因此它有 $m+1$ 行，编号为 0～m。列的编号取决于可能出现在文本中的字符的数目；将这个数目称为 q，因此 $next$-$state$ 表共有 $q(m+1)$ 项。为了填充 $next$-$state[k, a]$ 项，我们采取如下操作：

1. 构成字符串 $P_k a$。
2. 将 i 赋值为 $k+1$（$P_k a$ 的长度）与 m（P 的长度）中的较小值。
3. 只要 P_i 不是 $P_k a$ 的后缀，执行如下操作：
   A. 将 i 赋值为 $i-1$。

135

我们事先不知道第 3 步循环会执行多少次迭代，但知道它至多会执行 $m+1$ 次迭代。我们事先也不知道第 3 步中要对 P_i 和 $P_k a$ 中的字符检查多少个，但是知道最多检查 i 个，最大也是 m。由于循环最多会迭代 $m+1$ 次，且每次迭代最多会检查 m 个字符，因此填充 $next$-$state$ 表最多需要花费 $O(m^2)$ 时间。因为 $next$-$state$ 表包含 $q(m+1)$ 项，因此填充 $next$-$state$ 表所耗费的总时间为 $O(m^3 q)$。

实际上，填充 $next$-$state$ 表所花费的时间并不总是很长。我在我的 2.4GHz Mac-Book Pro 上使用 C++ 语言编写了字符串-匹配算法，并且使用 optimization level-O3 进行编译。我使用 128 字符的 ASCII 字符集作为字母表选定的模式为 a man、a plan、a canal 和 panama。该程序构建的 $next$-$state$ 表包含 31 行、127 列（我省去了关于空字符的那一列），并且该程序大约能在 1.35 毫秒内构建完成。使用更简短的模式，该程序的执行速度更快：当模式为 panama 时，构建表大约会花费 0.07 毫秒。

然而，某些应用会频繁地运用字符串匹配方法，且在这些应用中，花费 $O(m^3 q)$ 时间来建立 *next-state* 表会造成一些问题。我不再阐述这些细节，但是存在一种方法可以将所耗费的时间降低到 $\Theta(mq)$。事实上，我们能做得更好，"KMP" 算法（由 Knuth、Morris 和 Pratt 所发明的）应用到了有穷自动机但是避免了同时创建和填充 *next-state* 表。取而代之，它模仿了 *next-state* 表，使用了只包含 m 个状态数字的 *move-to* 数组，且它仅仅会花费 $\Theta(m)$ 时间来填充 *move-to* 数组。再者，它的转向有点过于复杂，但是我在我的 Mac-Book Pro 上运行 KMP 算法，对于模式 a man、a plan、a canal 和 panama，它大约需要花费 1 微秒来构建 *move-to* 数组。对于更短的模式 panama，它大约需要花费 600 纳秒（0.000 000 6 秒）。不赖哟！正如 FA-STRING-MATCHER 程序一样，一旦 *move-to* 数组构建完成，KMP 算法会花费 $\Theta(n)$ 时间对模式串和文本串进行匹配。

7.4　拓展阅读

《算法导论》的第 15 章［CLRS09］详细地涵盖了动态规划技术，其中包含如何查找最长公共子序列。本章中将一个字符串转换为另一个字符串的算法对《算法导论》的第 15 章中的问题给出了部分解决方案。（《算法导论》中的问题包含两个本章中我并没有提到的运算操作，即将相邻字符进行交换，删除 X 的某个后缀。抛弃了完整的解决方案，这样不会激怒我的合作者吧?）

《算法导论》的第 32 章也讲述了字符串匹配算法。那一章不仅给出了基于有穷自动机的算法，同时也给出了对 KMP 算法的整体解决方案。《算法导论》第 1 版［CLR90］还包含 Boyer-Moore 算法，当模式串很长且字母表中的字符数量很大时，该算法的效率非常高。

第 8 章

密码学基础

　　通过网络进行购物时，你很有可能必须向销售网站或者第三方支付机构提供你的信用卡号码。通过互联网，你将你的信用卡卡号发送到服务器。互联网是一个开放的网络，以至于任何一个人都可以获取它的信息。因此，如果你的信用卡卡号没有经过某种程度的伪装就在互联网上进行交易，那么任何人都可以识别出你的信用卡，并利用你的账户来购买商品或者进行某种服务。

　　如今，不太可能有人会坐在那里等待你将信用卡卡号之类的东西发送到互联网上。而更有可能的是有人会坐在那里等待任何一个人这么做，并且很有可能你就是那个不幸的受害者。当你将信用卡卡号发送到互联网上时，对信用卡卡号伪装一下会更安全。的确，你很可能会这么做。如果你正使用一个 URL 以 "https:" 开头的安全网站——而不是我们通常所见到的 "http:" ——你的浏览器会通过一个**加密**（encryption）操作来掩盖它所发送的信息。(https 协议也提供 "认证服务"，因此你会得知你正链接的网站正是你想要链接的那个网站。) 在本章中，我们还会讲述加密和另一个相反的过程——**解密** (decryption)（将加密后的信息转换成原有的形式）。加密和解密过程共同组成了密码学领域的基础。

虽然我认为我的信用卡卡号是需要保护的重要信息，但这跟国家大事比起来，我认为它就不是那么重要了。如果有人窃取了我的信用卡卡号，国家安全也不会受到任何危害。但是如果有人能够窃听到从国务院到外交部的政令，或者能够窥探到军事机密，那么国家安全就岌岌可危了。因此，我们不仅需要知道加密和解密信息的方法，而且还必须设计出难于破解的方法。

这一章中，我们会研究一些加密和解密算法的基本思路。现代密码学的发展已经远远超出了我在这里所讲述的内容。如果你想建立一个在理论上和实际上都很可靠的安全系统，仅仅依靠本章提供的材料是远远不够的，你需要对现代密码学有更细致入微的理解。例如，你需要遵循既定的标准，像 NIST(National Institute of Standards and Technology，美国国家标准与技术研究院) 所公布的标准。就像 Ron Rivest（随后我们将学习到的 RSA 加密系统的创始人之一）给我的信中所说，"一般来说，密码学就像一场军事竞赛，为了将其应用于实践，你需要掌握最新的作战方法。"但是本章中，我只讲述一些关于如何加密和解密信息的算法。

138

在密码学中，我们称原始的信息为**明文** (plaintext)，加密之后的信息为**密文** (ciphertext)。所以，加密就是把明文转换成密文的过程，解密就是把密文转换成明文的过程，转换过程中所需要的信息称为**密钥** (key)。

8.1　简单替代密码

简单替代密码 (Simple substitution cipher) 是通过把一个字母转换为

另一个字母进行加密，通过一个相反的替换来对密文进行解密的过程。尤利乌斯·凯撒通过**移位密码**（shift cipher）和他的将军们进行沟通，他将最后一个字母与第一个字母相连成环，并将原始消息中的每个字母以字母表中在它之后的第三个字母代替。例如，在包含 26 字母的字母表中，A 将会被 D 替换，Y 将会被 B 所替换（因为 Y 之后是 Z，然后是 A 和 B）。按照凯撒移位密码的规定，如果一个将军需要更多的军队，他可以对明文 "Send me a hundred more soldiers" 进行加密得到密文 "Vhqg ph d kxqguhg pruh vroglhuv"。当收到密文后，凯撒就会把在字母表的第一个字母与最后一个字母相连成环，并将其中的每个字母用字母表中位于它之前的第三位字母代替，从而恢复得到原始明文 "Send me a hundred more soldiers"。（当然，在凯撒年代，消息均是拉丁文，因为当时使用的是拉丁文字母表。）

如果你拦截了一条消息并且你知道该消息是用移位密码加密的，那么解密过程就异常简单 [即使你提前不知道偏移量（密钥）是什么]：只需尝试所有可能的移位直到对密文解密后能够得到有意义的明文。对于一个 26 字母的字母表，你仅仅需要尝试 25 种移位方式即可。

要保证更安全地加密，并不一定必须是将每个字符都转换为字母表中出现在该字母之后固定位置的字符，你可以将每一个字符都转换为其他的某个特定字符。也就是说，你可以创建一个字符置换规则并且使用那个规则作为密钥。这仍然是一种简单替代密码，但是它比移位密码的效果好。如果你的字符集中包含 n 个字符，那么拦截信息的窃听者必须辨别出这 $n!$（n 阶乘）种置换规则中哪种才是你使用的。$n!$ 的增长速率远远大于 n，实际上 $n!$ 的增长速率也大于指数函数的增长速率。

因此，为什么不把每个字符唯一地转换为另一个字符呢？如果你曾经试图解决过报纸上的"字谜"游戏，你就知道你能使用字母出现的频率和字母组合规律来缩小选择范围。假定明文是 "Send me a hundred more soldiers"，对应的密文是 "Krcz sr h byczxrz sfxr kfjzgrxk"。密文中字母 r 出现的频率最高，那么你就应该能准确地猜想到该字母对应的明文字母是 e（e

是英文文本中频率出现最高的字母）。随后你看到密文中有一个两字母单词 sr，你就会猜到 s 对应的明文字母必是 b、h、m 或 w 之一，这是因为英文中仅有的以 e 结尾的两字母单词是 be、he、me 和 we。同样地，你也可以确定明文"a"对应着密文"h"，因为英文中仅有的单字母小写单词是"a"。

当然，如果你要对信用卡卡号进行加密，那么你就不用过多地考虑字母出现频率或者字母出现组合了。对于十个数字，利用将一个数字转换为另一个数字的方式，总共有 10!（即 3 628 800）种不同的方式。对于计算机而言，那并不是一个非常大的数，尤其是与 10^{16} 种可能的信用卡卡号对比一下（16 个十进制数），而且一个窃听者能够自动尝试匹配这 10! 种方式之一——可能就会成功地匹配上某人的信用卡号。

你可能已经注意到使用简单替代密码还存在着另一个问题：信息发送方和接收方必须对密钥达成一致。而且，如果你正向多方发送不同的信息，并且你也不想要让任何一方破密其他方的信息，那么你需要为各方建立一个不同的密钥。

8.2　对称-密钥加密

当信息的发送方和接收方使用相同的密钥时，则双方都在使用**对称-密钥加密**（symmetric-key cryptography）。这种情况下，无论何时，双方都得提前对他们正在使用的密钥达成一致。

|140|

一次性密码本

现假定你非常乐意使用对称-密钥密码，但简单替代密码又不是那么安全，此时你可以选择另一种方式，即一次性密码本（one-time pad）。一次性密码本在比特位上执行如下工作。你可能知道，**比特**（bit）是二进制位（binary digit）的缩写形式，且比特只能取两个值：0 和 1。电子计算机以比特的形式存储信息。可以利用一串比特序列来表示数字，也可以利用一串比特序列来表示字符（字符或者采用标准 ASCII 或 Unicode 字符集），并且有的甚至利用一串比特序列来表示计算机所能执行的指令集。

一次性密码本使用**异或**（XOR）来对比特进行逐位加密操作。我们使用⊕来表示这种操作：

$$0 \oplus 0 = 0$$

$$0 \oplus 1 = 1$$

$$1 \oplus 0 = 1$$

$$1 \oplus 1 = 0$$

理解 XOR 操作符最简单的方式是：如果 x 是一个比特，那么 $x \oplus 0 = x$，且 $x \oplus 1$ 得到的是与 x 相反的值。而且，如果 x 和 y 均代表一个比特，那么 $(x \oplus y) \oplus y = x$：即用一个相同值对 x 执行两次异或的结果仍然是 x 本身。

假设我想给你发送一个单-比特信息。我能够给你发送一个 0 或者一个 1 作为密文，但是我们必须达成一致，我正在发送给你的比特是我想要发送给你的比特还是与我想要发送给你的比特相反的比特。仔细观察下异或运算过程，我们必须达成一致，我对那个比特位与 0 进行了异或操作还是与 1 进行了异或操作。如果你随后对你所接收到的密文与我进行异或操作时所选择的比特位再次进行异或操作——那么你将能够恢复得到原始明文。

现假定我想向你发送一个两-位信息。我可以将这两位均保持原样，我也可以将这两位均取反，我也可以将第一位取反而不对第二位取反，或者我也可以对第二位取反但是并不对第一位取反。同样地，我们必须达成一致，如果我们确实对哪一位取反了，我们需要确定出是对哪一位取反了。对于两个位上的异步操作，我们必须达成一致，在这几个两位序列中，00、

01、10、11，哪个序列是我对明文进行加密得到密文时所采用的密钥。并且再次，你能对这两-位的密文与我对明文进行异步操作时所使用的两-位密钥执行异步操作来恢复出原始的明文。

如果明文需要 b 位——可能它是由 b 位的 ASCII 或者 Unicode 字符组成——随后能生成一个 b 位的随机序列作为密钥，当你知道 b 位的密钥后，随后你能对明文和密钥逐位地执行异步操作来生成密文。一旦你接收到 b-位密文，你能逐位地将该 b 位密文和密钥执行异或操作来恢复得到 b-位的明文。该方法被称为**一次性密码本**⊖，这个密钥被称为 *pad*。

只要密钥中的比特是随机生成的——我们将随后调查该问题——那么窃听者通过猜想密钥来对密文进行解密几乎是不可能的。即使窃听者知道些明文的内容——例如，明文是英文的——对于任何密文和任何可能的明文，均能找到一个密钥将可能的明文转化为密文⊖，且该密钥是可能的明文和密文的按位异或。（那是因为如果可能的明文是 t，密文是 c，密钥是 k，那么不仅仅会满足关系式 $t\oplus k=c$，还会满足关系式 $t\oplus c=k$；$\oplus$ 运算符对 t、k、c 中的任意一种顺序均适用，因此对 t 的第 i 位和 k 的第 i 位执行异或操作等于 c 的第 i 位）。因此使用一次性密码本的加密技术能够阻止窃听者获取任何关于明文的额外信息。

一次性密码本的安全性比较高，但是密钥需要具有和明文一样的位数，这些位应该是随机生成的，且密钥需要提前对双方共享。正如该方法的名

[141]

⊖ 该名字来自计算机实现前的观点，其中，各方均有一打纸，每页纸上均写着一个密钥，且各方均有相同的密钥序列。一个密钥仅可以使用一次，随后撕下该页，暴露出下一页上的密钥。这个基于纸张的系统应用了移位密码，同时它应用了逐字母（letter-by-letter）机制，即密钥中的每个字母对应一个偏移量，从 a 对应着 0 一直类推到 z 对应着 25。例如，由于 z 意味着偏移量为 25，m 意味着偏移量为 12，n 意味着偏移量为 13，因此密钥 *zmn* 将明文 *dog* 转化为密文 *cat*。然而，与基于 XOR 的系统不同，若将密文中的字母按照同样的方向，应用同样的密钥，该方法并不会重新恢复到明文；例如，如果采用这种方式，密文 *cat* 经过转化会变为 *bmg*。因此，要想恢复得到明文，你必须将密文按照相反的方向进行移位操作。

⊖ 对于上一个脚注中的逐字母方案，密钥 *zmn* 能将明文 *dog* 转化为密文 *cat*，但是我们使用一个不同的明文 *elk* 和一个不同的密钥 *ypj*，也能转化为相同的密文 *cat*。

字所暗示的，每次仅仅应该使用一个一次性密码本。如果对明文t_1和t_2使用了同样的密钥k，那么$(t_1\oplus k)\oplus(t_2\oplus k)=t_1\oplus t_2$，这能透露出两个明文在哪些位置上的比特位相同。

142

分组密码和链接

当明文很长时，一次性密码本中的密钥必须与明文具有相同的长度，这是非常难处理的。反之，某些对称-密钥方法能结合两种额外的技术：使用一个较短的密钥，并将明文切割成几个块，轮流地在每个块上使用密钥。也就是说，他们将明文看作l个块t_1，t_2，t_3，…，t_l，且将这些明文块加密成l个密文块c_1，c_2，c_3，…，c_l。这种方法被称为**分组密码**（block cipher）。

实际上，分组密码使用一个比一次性密码本中的单个异步操作复杂得多的方法进行加密。一个应用很广泛的对称-密钥密码系统 AES（采用先进的加密标准）中就包含了分组密码。我并不打算深入探究 AES 的细节，而只是说明它使用了切分明文块来产生密文的方法。AES 中所应用的密钥规模为 128、192 或者 256 个比特位，块的规模为 128 个比特位。

然而，采用分组密码方法仍然会存在一个问题。如果相同的块在明文中出现两次，那么相同的加密块也将在密文中出现两次。解决这个问题的一种方式是**密码段链接**（cipher block chaining）。假定你向我发送了一个加密后的消息。你可以将明文划分为l个块t_1，t_2，t_3，…，t_l，并且依据如下方式，你可以创建l个密文块c_1，c_2，c_3，…，c_l。假定可以应用函数 E 来对一个块进行加密，应用函数 D 来对一个密文块进行解密。正如你可以设想到的，利用$c_1=E(t_1)$可以创建第一个密文块。通过将第二个明文块与c_1逐位执行异或操作，即利用$c_2=E(c_1\oplus t_2)$得到第二个密文块。通过将第三个明文块与c_2逐位执行异或操作，即利用$c_3=E(c_2\oplus t_3)$得到第三个密文块。以此类推得到普遍规律，依据第$i-1$个密文块和第i个明文块可以计算出第i个密文块的公式：$c_i=E(c_{i-1}\oplus t_i)$。该公式同样适用于根据t_1来计算c_1，此时你只要将c_0设置为 0 即可（因为$0\oplus x=x$）。执行解密操作时，首先利用公

式 $t_1 = D(c_1)$ 得到第一个明文块。根据第一个密文块 c_1 和第二个密文块 c_2，我能计算出第二个明文块 t_2：因为 $D(c_2) = c_1 \oplus t_2$，因此 $t_2 = D(c_2) \oplus c_1$。以此类推得到普遍规律，通过应用公式 $t_i = D(c_i) \oplus c_{i-1}$，即通过对 c_i 执行解密操作来确定出 t_i 的值；同样类似于加密操作，如果我将 c_0 设置为 0，这个公式也适用于计算 t_1。

我们并没有解决所有的问题。即使应用密码段链接方法，如果两次你都向我发送了相同的消息，这就意味着每次我都会接收到相同的密文序列。 $\boxed{143}$ 此时窃听者便能够推断出你向我发送了两条相同的消息，这对于窃听者而言就是非常有价值的信息。一种解决方式是并不令 c_0 每次都等于 0。反之，你可以随机生成 c_0，并使用这个随机生成的 c_0 来对第一个明文块进行加密，同时我也使用这个随机生成的 c_0 来对第一个密文块进行解密；我们称这个随机生成的 c_0 为一个**初始向量**（initialization vector）。

对共同信息达成一致

对称-密钥加密方法中，发送方和接收方需要对密钥达成一致。此外，如果他们使用的是分组密码的密码段链接方式，他们可能也需要对初始向量达成一致。正如你能想象到的，提前对这些值达成一致是很不实际的。发送方和接收方如何能保证对密钥和初始向量达成一致呢？后面我们将看到本章中介绍的混合密码系统是如何保证安全地传送密钥和初始向量的。

8.3　公钥加密

接收方为了对加密后的信息执行解密操作，显然发送方和接收方必须都知道用于加密的密钥。这个结论对否？

这个结论是错误的。

公钥加密（public-key cryptography）中，各方都有两个密钥：一个

公钥（public key）和一个**私钥**（secret key）。我以双方（即你、我）为例来描述公钥密码学，并令 P 来表示我的公钥，S 来表示我的私钥。你也具有你自己的公钥和私钥。其他参与方也都有自己本身的公钥和私钥。

私钥是机密的，但是每个人可能都知道公钥。公钥可能存储在一个每个人都可以获取到的集中目录上。在适当情况下，你和我可以使用公钥、私钥中的任何一个执行加密和解密操作。"适当情况"是指存在公钥和私钥函数使得明文加密得到密文或者使得密文解密得到明文。让我们用 F_P 来表示我使用的公钥函数，用 F_s 来表示我使用的私钥函数。

公钥和私钥存在如下的特殊关系：

$$t = F_S\ (F_P(t))$$

因此如果你使用我的公钥将明文加密成密文，随后我使用我的私钥来对密文执行解密操作，我就能恢复得到原始明文。公钥密码学的某些应用利用公式 $t = F_P(F_S(t))$，即如果我使用私钥对明文进行加密，任何人都能对密文执行解密操作以得到原始明文。

任何人都应该能够高效地计算出我的公钥函数 F_P，但是只有我能够在合理时间内计算出我的私钥函数 F_s。当不知道我的私钥时，任何人想要成功猜想出我的私钥函数 F_s 的时间都应该是无穷大的。（是的，这里的说明不够明确，随后我们将看到一个关于公钥密码学的具体实现。）其他人的公钥和私钥也具有同样的性质：能够高效地计算出公钥函数 F_P，但是只有私钥的持有者能够在合理的时间内计算出私钥函数 F_s。

如下是你如何使用公钥密码技术向我发送消息的过程：

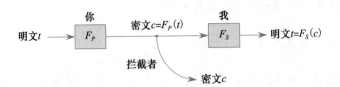

以明文 t 开始。你查找到我的公钥 P；你可以直接从我这里得到公钥 P，你也可以在目录中查找到公钥 P。一旦你获取到了公钥 P，你能高效地执行对明文的加密操作以得到密文 $c=F_P(t)$。你向我发送密文，因此任何拦截你向我发送的消息的窃听者也仅仅只能看到密文。我接收到密文 c 并使用我的密钥来对它执行解密操作，重新生成明文 $t=F_S(c)$。你，或者任何其他人都能够快速地在合理时间内对明文进行加密以产生密文，但是只有我能够在合理时间内对密文进行解密以重新生成明文。

实际上，我们需要确定函数 F_P 和 F_S 能够准确、协调地共同工作。对每个可能的明文，我们想要 F_P 生成一个不同的密文。假定 F_P 针对两个不同的明文，t_1 和 t_2，产生了相同的密文；即 $F_P(t_1)=F_P(t_2)$。随后，当我接收到密文 $F_P(t_1)$，并试图对它运行 F_S 来进行解密，我不知道我应该得到 t_1 还是 t_2。另一方面，在加密过程中并入一个随机元素会更加安全，这样一来，每次对相同的明文执行 F_P 操作时，都可以被加密为不同的密文。（当明文仅仅是一小部分待加密信息，大多数加密后的信息是随机"填充"时，我们将学习一种安全性更高的 RSA 加密系统。）当然，解密函数 F_S 应该能够相应地执行补偿操作，即它能够将不同的密文转化为相同的明文 [⊖]。

|145|

然而，公钥密码技术仍然存在一个问题。明文 t 可以取任意值——事实上，明文可能非常长——F_P 将 t 转化得到的密文长度至少与 t 的长度相等。我们如何能在额外的限制下保证得到的函数 F_P 和 F_S 满足任何人都能够很容易地计算出 F_P，而只有我能够很容易地计算出 F_S 呢？实现这个目标很难，

⊖　棒球相当于采用了类似的系统。管理人员和教练通过使用一个复杂的手势系统（手势暗号）来告诉球员要采用哪种战术。例如，触及右肩可能意味着采取"打了就跑"战术，触及左肩可能意味着采取"短打"战术。管理人员或教练可能会给出一个很长的手势序列，但是只有一部分是有意义的；其他的只是假手势。相当于在手势的发送方和接收方中存在一个达成一致的系统，即哪些手势是有意义的（有时手势是否有意义取决于当前的手势序列，有时它会基于一个"指示"手势标志）。管理人员或教练能对任意一种特定的战术给出一个任意长的手势序列，其中序列中的大多数手势是无意义的。

但如果我们能限制可取明文的长度——也就是说，采用分组密码技术，这种方案还是可行的。

8.4 RSA 加密系统

公钥密码学的思想很好，但是它取决于能够找到可以协调正确执行的函数 F_P 和 F_S，任何人都能很容易地计算出 F_P，但是只有密文的持有者能够容易地计算出 F_S。我们称满足这种规则的方案为**公钥加密系统**（public-key cryptosystem），而 **RSA 加密系统**（RSA cryptosystem），或者称为 RSA [一]就是其中的一种方案。

RSA 依赖于数论中的一些定理，且许多定理都与**模运算**（modular arithmetic）相关。在模运算中，我们选择一个正整数 n，只要计算结果等于 n，我们就将该结果变为 0。这正如关于整数的常规算法，但是模运算中我们总是将该数除以 n，取余数部分作为计算结果。例如，如果我们正在执行模 5 操作，那么所有可能的取值是 0、1、2、3、4，且 3+4=2（由于 7 除以 5 得到的余数为 2）。现我们定义一个运算符 mod 来计算余数，因此我们称 7 mod 5=2。模运算就像时钟运算，但是将时钟表面的 12 替换成了 0。如果你在 11 点睡觉，休息了 8 个小时后，你会在 7 点醒，换句话说：(11+8) mod 12=7。

模运算的优势是我们能够在表达式的中间部分执行 mod 运算，同时保证结果不变 [二]：

[一] 该名字也是来自该系统的发明者，即 Ronald Rivest、Adi Shamir 和 Leonard Adelman.

[二] 看如下示例，为了证明 $ab \bmod n = ((a \bmod n)(b \bmod n)) \bmod n$，假定 $a \bmod n = x$，$b \bmod n = y$。那么存在整数 i 和 j，分别满足 $a = ni + x$ 和 $b = nj + y$，因此

$$ab \bmod n = (ni + x)(nj + y) \bmod n$$
$$= (n^2 ij + xnj + yni + xy) \bmod n$$
$$= (n^2 ij \bmod n) + (xnj \bmod n) + (yni \bmod n) + (xy \bmod n)) \bmod n$$
$$= xy \bmod n$$
$$= ((a \bmod n)(b \bmod n)) \bmod n$$

$$(a + b) \bmod n = ((a \bmod n + b \bmod n)) \bmod n$$

$$ab \bmod n = ((a \bmod n)(b \bmod n)) \bmod n$$

$$a^b \bmod n = ((a \bmod n)^b \bmod n$$

而且，对于任意整数 x，$xn \bmod n$ 为 0。

　　另外，为了符合公钥加密系统的标准，RSA 必须具有两个与素数相关的数论性质。你可能知道，一个**素数**（prime number）是指一个仅仅具有两个整数因子的大于 1 的整数，这两个整数因子是 1 和它本身。例如，7 是素数，但 6 不是素数，因为 6 按照因式分解得 2·3。RSA 必须满足的第一个性质是如果一个数是一个大数，且它是两个未知素数之积，那么任何人都无法在合理时间内计算出这两个因子。回顾第 1 章，有人为了测试出某个数的所有可能的奇数除数，测试的除数可以从 2 开始一直到该数的平方根为止，但是如果该数非常大——成百上千位，那么它的平方根的位数是这个数的位数的一半，但是该数的平方根依然是一个很大的数。尽管有人能够在理论上找出这样一个因子，但是它所消耗的资源（时间或计算代价）将会使得查找这样一个因子非常不切实际[下]。

147

　　第二个性质是，即使对一个是两个素数之积的数进行因式分解很难，但是它并不像判定一个大数是否是素数那么难。你可能认为，如果不通过找到一个非平凡因子（一个既不是 1 也不是这个数本身的因子），那么就要判定一个数不是素数［该数是**合数**（composite）］是不可能的。事实上，不找到非平凡因子，也可以实现判定一个数是合数的操作。一种方法是 AKS 素数测试[下]，它是第一个能够在 $O(n^c)$ 时间内（c 是常量）判定一个 n 位的数字是否是素数的算法。尽管 AKS 素数测试理论上被认为是高效的，但是

　　[下]　例如，如果一个数字具有 1 000 位，那么它的平方根具有 500 位，那就大约是 2^{500} 那么大的数。即使有人每秒能够判定一万亿-万亿个可能的除数，在还没有判定到 2^{500} 个数时，太阳都燃烧尽了。

　　[下]　AKS 素数测试是以它的发明者命名的，即 Manindra Agrawal、Neeraj Kayal 和 Nitin Saxena。

对于大数，它还不是切实可行的。取而代之，我们能使用 Miller-Rabin 素数测试。Miller-Rabin 素数测试的缺点是它可能会产生错误，即将一个实际上是合数的数判定为素数。（然而，如果它判定出一个数字为合数，那么这个数字必定是合数。）好消息是错误率为2^s分之一，其中能令 s 为任意我们想要的正数。因此，如果能够忍受2^{50}次测试中出现一个错误，那么我们能近乎完美地判定一个数为素数。你可能还记得，第 1 章中2^{50}大约等于一千万亿，即 1 000 000 000 000 000。如果你对2^{50}次测试中出现一个错误都无法忍受，再稍加努力，你可以实现2^{60}次测试中才出现一个错误；2^{60}大约是2^{50}的一千倍。那是因为 Miller-Rabin 测试的执行时间随着变量 s 的增加呈线性增长，因此将 s 增加 10，即从 50 到 60，运行时间仅仅会增加 20%，但是错误率会降低2^{10}的一个因子倍，即错误率降低了 1024 倍。

RSA 加密系统的具体使用流程如下。在看到 RSA 的工作流程后，我们必须阐述几个细节。

1. 随机选取两个非常大的素数，p 和 q（$p \neq q$）。非常大是多大呢？至少每个是 1 024 位，或者至少是 309 个十进制数字，且越大越好。

2. 计算 $n = pq$。这是一个至少是 2048 位的数字，或至少是具有 618 个十进制位的数字。

3. 计算 $r = (p-1)(q-1)$，这几乎和 n 一样大。

4. 选取一个与 r **互素的**（relatively prime）小奇数 e：e 和 r 仅有的公共因子应该是 1。这里 r 为任意小的整数都可以。

5. 计算出 e 关于模 r 的数论倒数 d。也就是说，$ed \bmod r$ 应该等于 1。

6. 称我的 RSA **公钥**（RSA public key）是 $P = (e, n)$。

7. 令 $S = (d, n)$ 为我的 RSA **私钥**（RSA secret key），且私钥对任何人均保密。

8. 函数 F_P 和 F_S 定义如下：

$$F_P(x) = x^e \bmod n$$

$$F_S(x) = x^d \bmod n$$

这些函数能对明文的任意一个块进行操作或者对一个密文块进行操作，我们将它们的位解释为代表大的整数。

让我们看一个例子，但是例子中采用的均是较小的数字以便我们能够理解 RSA 是如何工作的。

1. 选取素数 $p=17$ 和 $q=29$。

2. 计算 $n=pq=493$。

3. 计算 $r=(p-1)(q-1)=448$。

4. 选取 $e=5$，它和 448 互素。

5. 计算 $d=269$。且检查 e、d、r 所满足的公式：$ed=5 \cdot 269=1345$，且 $ed \bmod r=1345 \bmod 448=(3 \cdot 448+1) \bmod 448=1$。

6. 称我的 RSA 公钥为 $P=(5493)$。

7. 令 $S=(269\ 493)$ 作为我的 RSA 私钥。

8. 从例子中，我们计算出 $F_P(327)$：

$F_P(327)=327^5 \bmod 493 = 3\ 738\ 856\ 210\ 407 \bmod 493 = 259$

如果利用公式计算 $F_S(259)=259^{269} \bmod 493$，我们会重新得到 327。我们确实执行了这个运算，但是你确实不想看到表达式 259^{269} 结果中的所有数字位。你可以在网上搜索一个无比精确的计算器，并且验证该结果。（我确实这么做了。）但是因为我们正在执行求模运算，实际上我们并不需要计算出 259^{269} 的实际精确值；我们能表示出对 493 求模的所有中间结果，因此如果你想要这么做，你可以以乘积 1 开始，并且执行 269 次如下操作：将所得的结果乘以 259 得到一个新乘积，随后令新乘积对 493 求模。最后结果为 327。（更准确地说，我确实写过这样一个计算机程序，并且该程序输出的结果是 327。）

为了设计和使用 RSA，我必须阐述如下几个细节：

- 如何对数百位数字进行操作呢？

- 尽管检验一个数字是否是素数不是障碍，可是如何知道我能在合理时间内找到大素数呢？

- 如何找到 e，使得 e 和 r 互素呢？

- 如何计算出 d，使得 d 是模 r 运算中 e 的倒数呢？

- 如果 d 很大，如何能在合理的时间内计算出 $x^d \bmod n$ 呢？

- 如何知道函数 F_P 和 F_S 互逆呢？

如何在大数上执行运算

很明显，像 RSA 所需的那么大的数字并不适合于大多数计算机中的寄存器（至多容纳 64 位）。幸运的是，部分软件包，甚至一些计算机语言——例如 Python——对所操作的整数规模没有任何固定限制。

而且，RSA 中的所有运算都是模运算，这限制了正在计算的整数的规模。例如，当我们计算 $x^d \bmod n$ 时，我们将计算出所有中间结果：关于 x 的不同幂对 n 求模后的所有结果，这意味着计算出的所有中间结果均位于从 0 到 $n-1$ 这个范围内。而且，如果你固定了 p 和 q 可取的最大值，那么你也就固定了 n 的最大值，这反过来意味着在专门的硬件上实现 RSA 是可行的。

如何寻找一个大素数

通过反复随机生成一个大奇数并使用 Miller-Rabin 素数测试来判定它是

否是素数，一旦找到一个素数，就停止程序。利用这种方式，我能寻找到一个大素数。这种方案假定我能在短时间内找到一个大素数。如果随着数字的增大，素数变得极其罕见呢？此时寻找出一个大素数犹如大海捞针，必然会花费大量时间。

这个无须担心。**素数定理**（Prime Number Theorem）告诉我们，当 m 趋近于无穷时，小于或者等于 m 的素数个数接近 $m/\ln m$ 个（其中 $\ln m$ 是关于 m 的自然对数）。如果我随机选择一个整数 m，那么该数是素数的概率大约是 $1/\ln m$。概率论告诉我们，平均情况下，在找到一个素数之前，我大约只需要尝试 $\ln m$ 个接近于 m 的数。如果我正寻找具有 1024 位的素数 p 和 q，那么 m 是 2^{1024}，此时 $\ln m$ 大约是 710。计算机能高效地对 710 个数字执行 Miller-Rabin 素数测试。 150

实际上，我能够运行一个比 Miller-Rabin 素数测试更简单的素数测试。**费马小定理**（Fermat's Little Theorem）声明如果 m 是一个素数，那么对于任何介于 1 到 $m-1$ 的数 x，满足公式 $x^{m-1}\bmod m=1$。逆命题——如果 $x^{m-1}\bmod m=1$ 对于任何介于 1 到 $m-1$ 的数 x 成立，那么 m 是素数——并不一定成立，但是对于大数，逆命题不成立的情况非常罕见。事实上，对奇数 m 测试 $2^{m-1}\bmod m=1$ 成立即可比较充分地断定 m 是素数了。我们将在后面看到如何只在 $\Theta(\lg m)$ 乘法时间内计算出 $2^{m-1}\bmod m$ 的值。

如何寻找与另一个数互素的数

我需要寻找一个与 r 互素的小奇数 e。如果这两个数的最大公约数是 1，那么这两个数互素。我将使用一个可追溯到古希腊数学家 Euclid 的计算两个整数的最大公约数的算法。数论中存在一个定理：如果 a 和 b 都是整数（不同时为 0），那么它们的最大公约数 g 等于 $ai+bj$（对于某两个整数 i 和 j 成立。而且 g 是采用这种方式组成的最小数字，但是这个事实对我们并不重要。）i 和 j 这两个系数中可能有一个是负的；例如，30 和 18 的最大公约数是 6，它们满足 $6=30i+18j$（当 $i=-1$ 和 $j=2$ 时，公式成立）。

下面显示了 Euclid 的算法，该算法给出了 a 和 b 的最大公约数 g，以及系数 i 和 j 的值。当将来需要找出 e 关于模 r 的数论倒数时，这些系数会非常有用。如果我有一个 e 的候选值，我会调用 EUCLID(r, e)。如果由调用返回的三个元素中的第一个元素是 1，那么 e 的这个候选值与 r 互素。如果调用返回的第一个元素不是 1，那么 r 和 e 的这个候选值就有一个比 1 大的公约数，那么 e 的这个候选值和 r 并不互素。

151

> **程序**　EUCLID (a, b)
>
> **输入**：a 和 b：两个整数。
>
> **输出**：一个三元组 (g, i, j)（其中，g 是 a 和 b 的最大公约数，并且满足条件：$g = ai + bj$）。
>
> 1. 如果 b 等于 0，那么返回三元组 (a, 1, 0)。
>
> 2. 否则（b 不是 0），执行如下操作：
>
>   A. 递归地调用 EUCLID(b, $a \bmod b$)，并且将返回的结果赋值给三元组 (g, i', j')。也就是说，g 被赋值为返回的三元组中的第一个元素值，i' 被赋值为返回的三元组的第二个元素值，j' 被赋值为返回的三元组的第三个元素值。
>
>   B. 将 i 赋值为 j'。
>
>   C. 将 j 赋值为 $i' - \lfloor a/b \rfloor j'$。
>
>   D. 返回三元组 (g, i, j)。

我并不会深入探究为什么这个程序能够判定出两个数是否互素[⊖]，我也不会分析它的运行时间，但是我会告诉你：如果调用 EUCLID(r, e)，那么递归调用的次数是 O($\lg e$)。因此，我能快速判定出 1 是否是 r 和候选 e 值

⊖　调用 EUCLID(0, 0) 会返回三元组 (0, 1, 0)，因此 0 和 0 的最大公约数被认为是 0。这可能会让你觉得很奇怪（我称这种情况是"超出常规的"，而不是"奇怪的"），因为 r 是正数，则在第一次调用 EUCLID 时，参数 a 是正数，并且在任意一次递归调用中，a 均是正数．因此无论 EUCLID(0, 0) 返回何值，对我们的结果均没有任何影响。

的最大公约数（要记住 e 的值很小）。如果 1 不是 r 和候选 e 值的最大公约数的话，我能尝试着令 e 取另一个不同的候选值，如此等等，直到我找到一个与 r 互素的数。我大概需要尝试判定多少个候选 e 值呢？并不是太多。如果我将 e 限制在小于 r 的奇素数中（这很容易用 Miller-Rabin 素数测试方法或者用费马小定理来判定一个数是否是素数），如此得到的结果都很可能会与 r 互素。这是因为，利用素数定理，大约存在 $r/\ln r$ 个素数小于 r，但是另一个定理表明 r 的素数因子最多有 $\lg r$ 个。因此，我不太可能命中 r 的素数因子。

| 152 |

如何在模运算中计算数论倒数

一旦求出 r 和 e，我需要计算出 d：e 关于模 r 的数论倒数，即满足 ed mod r 等于 1。我们已经知道调用 EUCLID(r, e) 会返回一个形为 $(1, i, j)$ 的三元组，其中 1 是 e 和 r 的最大公约数（因为它们互素），并且满足 $1 = ri + ej$。我能将求解 d 转化为求解 j mod r ⊖。那是因为我们正在执行模 r 运算，此时能对 $1 = ri + ej$ 式子两边同时执行模 r 运算：

$$
\begin{aligned}
1 \bmod r &= (ri + ej) \bmod r \\
&= ri \bmod r + ej \bmod r \\
&= 0 + ej \bmod r \\
&= ej \bmod r \\
&= (e \bmod r) \cdot (j \bmod r) \bmod r \\
&= e(j \bmod r) \bmod r
\end{aligned}
$$

（因为 $e < r$ 暗示了 e mod $r = e$，因此能够得到最后一行式子。）因此我们得到等式 $1 = e(j \bmod r) \bmod r$，这意味着我能将 d 设定为由调用

⊖　回忆知 j 可能是负数。当 j 是负数，r 是正数时，其中一种计算 j mod r 的方法是首先令 j 保持其本身值，随后不断地对 j 进行加 r 操作，直到得到的和为非负数为止。得到的那个非负数就是 j mod r 的值。例如，为了计算出 -27 mod 10 的值，对 j 不断地执行加 r 操作，依次得到数字 -27、-17、-7 和 3。一旦得到了数字 3，此时终止累加操作，并称 -27 mod $10 = 3$。

EUCLID(r，e)返回的三元组中的 j 再对 r 求模后的结果。我使用 $j \bmod r$ 来表示 d 而不是直接用 j 来表示 d 以防 j 的取值并不是介于 0 到 $r-1$ 范围内。

如何迅速将一个数提高到它的整数幂

尽管 e 很小，d 可能很大，为了计算函数 F_s，我们需要计算出 $x^d \bmod n$ 这个结果。尽管我能执行模 n 操作，且操作后的值必定都会落在 0 和 $n-1$ 之间，但是我并不希望执行 d 次乘法操作。幸运的是，我并不需要执行 d 次乘法操作。我可以使用**反复平方**（repeated squaring）的技术只执行 $\Theta(\lg d)$ 次乘法操作。基于费马小定理的素数测试中，我也可以使用这个技术。

该观点如下。我们知道 d 是非负的。首先假定 d 是偶数。那么 x^d 等于 $(x^{d/2})^2$。再假定 d 是奇数。那么 x^d 等于 $(x^{(d-1)/2})^2 \cdot x$。根据这两个公式，我们能得出计算 x^d 的非常好的递归公式，其中当 d 为 0 时，$x^0=1$，这时会触发最基本情况。下面的程序具体实现了这一方法，能够执行所有的模 n 的运算：

153

> **程序** MODULAR−EXPONENTIATION(x，d，n)
>
> **输入**：三个整数 x，d，n（其中 x 和 d 均是非负数，n 为正数）。
>
> **输出**：返回 $x^d \bmod n$ 的值。
>
> 1. 如果 d 等于 0，那么返回 1。
> 2. 否则（d 是正数），如果 d 是偶数，那么递归调用 MODULAR-EXPONENTIATION(x，$d/2$，n)，将 z 赋值为该递归调用的结果，并且返回 $z^2 \bmod n$。
> 3. 否则（d 是正数，且是一个奇数），递归调用 MODULAR-EXPONENTIATION(x，$(d-1)/2$，n)，将 z 赋值为该递归调用的结果，并且返回 $(z^2 \cdot x) \bmod n$。

每次递归调用中，参数 d 至少会减小一半。至多经过 $\lfloor \lg d \rfloor + 1$ 次递归调用，d 会减小至 0 且结束递归。因此，这个程序会执行 $\Theta(\lg d)$ 次乘法操作。

证明函数 F_P 和 F_S 互逆

警告：如下会涉及大量数论和模运算操作。如果你认为无须证明 F_P 和 F_S 是互逆的就能够接受这一事实，那么就请跳过下面的五段话，直接阅读下一节。

为了令 RSA 成为一个公-钥加密系统，函数 F_P 和 F_S 必须互逆。如果我们取一个明文块 t，并将它看作一个小于 n 的整数，并将 x 和 n 代入公式 F_P 中（$F_P = x^e \bmod n$），于是得到 $F_P = t^e \bmod n$，再将结果代入 F_S 中（$F_S = x^d \bmod n$，其中 $x = F_P$），于是得到 $F_S = (t^e)^d \bmod n$，即 $t^{ed} \bmod n$。若我们首先计算出 F_S，再计算出 F_P，同理得到 $F_P = (t^d)^e \bmod n$，即 $t^{ed} \bmod n$。因此对于任意明文块 t（其中 t 是一个小于 n 的整数），我们需要证明出 $t^{ed} \bmod n$ 等于 t。

如下表示了我们方法的基本思路。回顾知 $n = pq$。首先我们可以证明 $t^{ed} \bmod p = t \bmod p$ 和 $t^{ed} \bmod q = t \bmod q$ 成立。随后，利用数论中的一个事实，我们能推断出 $t^{ed} \bmod pq = t \bmod pq$——换句话说，$t^{ed} \bmod n = t \bmod n = t$（因为 t 小于 n）。

154

我们需要再次利用费马小定理，因为它可帮助我们解释为什么将 r 设为 $(p-1)(q-1)$ 这个乘积值。（你没有好奇过这个公式的来源吗？）由于 p 是素数，如果 $t \bmod p$ 不等于 0，那么 $(t \bmod p)^{p-1} \bmod p = 1$（费马小定理）。

回顾我们定义的 d 是模 r 运算中的 e 的倒数：$ed \bmod r = 1$。换句话说，$ed = 1 + h(p-1)(q-1)$（h 是整数）。当 $t \bmod p$ 不等于 0 时，如下等式成立：

$$t^{ed} \bmod p = (t \bmod p)^{ed} \bmod p$$

$$= (t \bmod p)^{1+h(p-1)(q-1)} \bmod p$$

$$= ((t \bmod p) \cdot ((t \bmod p)^{p-1} \bmod p)^{h(q-1)}) \bmod p$$

$$= (t \bmod p) \cdot (1^{h(q-1)} \bmod p)$$

$$= t \bmod p$$

当然，如果 $t \bmod p$ 等于 0，$t^{ed} \bmod p$ 也必然等于 0。

类似地，如果 $t \bmod q$ 不等于 0，那么 $t \bmod q$ 等于 $t^{ed} \bmod q$ 成立，如果 $t \bmod q$ 等于 0，那么 $t^{ed} \bmod q$ 也必然等于 0。

为了证明 $t^{ed} \bmod n = t$，我们还需要应用数论中的一个定理：当 p 和 q 互素时（p 和 q 均是素数），如果 $x \bmod p = y \bmod p$ 和 $x \bmod q = y \bmod q$ 均成立，那么 $x \bmod pq = y \bmod pq$。（这一事实源于"中国剩余定理。"）令 t^{ed} 代替 x，t 代替 y，且 $n = pq$，$t < n$，此公式等价于：如果 $t^{ed} \bmod p = t \bmod p$ 和 $t^{ed} \bmod q = t \bmod q$ 均成立，那么 $t^{ed} \bmod n = t \bmod n$，再根据 $t < n$ 得出 $t^{ed} \bmod n = t \bmod n = t$，因此 $t^{ed} \bmod n = t$。证明出来了哟！

8.5　混合加密系统

尽管能对大数执行运算，实际上我们会在速度上耗费很大代价。对一个包含成百上千块明文的长消息进行加密和解密操作可能会导致显著的时延。RSA 通常用在混合系统中，即包含部分公钥，部分对称密钥。

如下是如何使用混合加密系统向我发送加密消息的过程。我们对所使用的公钥系统和对称密钥系统达成一致：假定为 RSA 和 AES。你对 AES 选择一个密钥 k，并使用我的 RSA 公钥来对它进行加密，产生 $F_P(k)$。使用密钥 k，随后你能对 AES 中的一系列明文块加密以产生一系列密文块。你向我发送 $F_P(k)$ 和一系列密文块。我通过计算出 $F_S(F_P(k))$ 来对 $F_P(k)$ 进行解密，该公式会得出 AES 密钥 k，随后我使用 k 来对 AES 中的密文块执行解密操作，因此会恢复得到明文块。如果正在使用密码段链接方法，

155

则我们需要一个初始向量，那么你能使用 RSA 或 AES 来对它执行加密操作。

8.6　计算随机数

正如我们已经看到的，一些密码系统需要产生随机数字——确切地讲，是产生随机正整数。因为我们用一系列的比特位来表示一个整数，我们真正需要的是一种能够产生随机比特位的方法，随后我们将这一串比特位表示成一个整数。

随机位只能由随机机制产生。一个运行在计算机上的程序怎么会是一个随机过程呢？多数情况下，它不可能是一个随机过程，因为一个具有完整定义的计算机程序，当初始时给定相同数据时，确定的指令总会产生相同的输出结果。为了支持加密软件，一些新型处理器提供了基于随机过程产生随机位的指令，例如环路内的热噪声。处理器的设计者要面对三重挑战：应用随机数字时，要以非常快的速率产生比特位，确保产生的位能满足基本的随机统计测试，且产生和测试随机位所消耗的能量代价是合理的。

加密程序通常由**伪随机数字产生器**（pseudorandom number generator），即 PRNG 产生比特位。一个 PRNG 是基于一个初始值，或**种子**（seed），产生一系列值的确定性程序，且程序中的确定性规则会说明如何从当前值产生序列中的下一个值。如果每次你调用 PRNG 程序时均使用形同的种子，那么每次你都会得到相同的序列。这个可重复的操作对调试很有利，但是不利于加密技术。关于加密系统随机数字产生器的近期标准需要 PRNG 的特定实现方式。

如果你正使用 PRNG 产生看似随机的比特位，每次你都想要以一个不同的种子开始，且那个种子应该是随机的。特别地，种子应该是无偏的（能够随机产生 0，1），独立的（无论你对之前的位了解多少，任何人都能够以 50％的概率猜测出下一位），并且那个试图攻破你的密码系统的敌人也无法预测下一位的值。如果你的处理程序有一个能够产生随机比特位的指令，那么该指令就是创建 PRNG 种子的一个很好的方式。

156

8.7　拓展阅读

密码学只是计算机系统安全的一个组成部分。Smith 和 Marchesini 所著的书［SM08］广泛地涵盖了计算机安全领域各方面的知识，其中包括密码技术和攻击密码系统的方式。

为了更深入地研究密码学，我推荐阅读由 Katz 和 Lindell 所写的教材［KL08］和 Menezes、van Oorschot 和 Vanstone 所写的书［MvOV96］。《算法导论》［CLRS09］的第 31 章提供了关于引领密码学发展的数论背景介绍，关于 RSA 的描述以及 Miller-Rabin 素数测试的内容。Diffie 和 Hellman 的文章［DH76］于 1976 年提出了公钥密码学，由 Rivest、Shamir 和 Adelman 所写的描述 RSA 的原著论文［RSA78］于两年后发表。

有关批准的 PRNG 更多的详细细节，请参阅联邦信息处理标准出版物 FIPS 140-2 附录 C［FIP11］。你可以在由 Taylor 和 Cox 所写的文章［TC11］中阅读到一种基于热噪声的随机数字发生器的硬件实现。

157

数 据 压 缩

前一章中，我们讲解了如何转换信息以防御敌人攻击。然而，转换信息的目的并不仅仅局限于保护信息。有时候你希望转换信息以提高信息的质量、效率等；例如，你可能使用 Adobe Photoshop 软件来修改图像以移除红-眼或者改善肤色。有时候你想添加冗余信息以防如果某些位是错误时，这些错误能被检测出来且加以更正。

这一章，我们将研究另外一种信息转换的方法：压缩信息。在研究用于压缩和解压信息的方法前，我们应该回答三个问题：

1. 为什么我们想要压缩信息？

通常基于以下两个原因之一，我们会进行信息压缩：为了节省时间或节省空间。

时间：当在网络上传送信息时，传送的位越少，传送得就越快。因此，发送者通常在发送信息前对信息进行压缩，并发送被压缩的数据，随后接收者会对得到的数据执行解压操作。

空间：当可用存储空间有限时，如果信息是压缩过的，那么你就能存储更多的信息。例如，使用 MP3 和 JPEG 格式压缩声音和图像时，大多数人无法辨别出原始信息和压缩后信息的区别。

2. 压缩后信息质量如何？

压缩方式分为无损压缩和有损压缩。使用**无损压缩**（lossless compression）时，压缩后的信息解压后与原始信息完全相同。使用**有损压缩**（lossy compression）时，解压后的信息会与原始信息有所不同，但是理想情况下这种差别可以忽略不计。MP3 和 JPEG 压缩是有损压缩，zip 压缩是无损压缩。

一般而言，当对文本进行压缩时，我们想要使用无损压缩。即使一位的差别也可能产生巨大影响。下面的句子中，字母的 ASCII 编码仅仅有一位不同⊖：

158

```
Don't forget the pop.
Don't forget the pot.
```

这些句子能按照需求来记，即分别是，软饮料（至少位于美国中西部地区）或者大麻——一位的区别竟然能产生如此大的区别！

3. 为什么可以实现信息压缩？

对于有损压缩，该问题很容易回答：你仅仅需要容忍适当降低的精度。那么对于无损压缩呢？数字信息通常包含冗余的或者无用的位。例如，ASCII 中每个字符占 8 位字节，且通用的字符（不包括重音字符）最高位（最左侧的位）上均为 0。也就是说，ASCII 中字符编码是从 $0 \sim 255$，但是通常使用的字符编码为从 $0 \sim 127$。因此，大多数情况下，ASCII 码文本中

⊖ p 和 t 的 ASCII 编码，分别对应着 01110000 和 01110100.

的 1/8 的位是无用的，因此将大多数 ASCII 文本压缩 12.5％都很简单。

对于如何充分利用无损压缩的冗余信息的一个形象例子是利用传真机传输黑白图像。传真机将传送的图像看作一系列**像素**（pels）⊖：黑色或者白色的点共同组成了图像。许多传真机自顶向下地逐行传输像素。当大部分图像为文本时，图像上的大部分区域都是白色的，因此每行可能包含许多连续的白色像素。如果一行上包含一个水平黑线，它可能表示包含许多连续黑色像素。对于一段具有相同颜色的行程，并非逐个表示每个像素，传真机将这段具有相同颜色的行程压缩表示为这段行程的长度值和这段行程中像素的颜色。例如，某个传真机标准中，具有 140 个白色像素的行程被压缩成 11 位，即 10010001000。

|159|

数据压缩是一个已经被深入研究的领域，因此这里我仅仅能提及一小方面。我将主要讨论无损压缩，但是你能在"拓展阅读"中查找到一些关于有损压缩的书籍。

与前述章节不同，这一章中，我们并不会关注运行时间。我只会在适当情况下提及一下运行时间，相比压缩和解压操作所花费的时间，我们对压缩后信息的规模更感兴趣。

9.1 赫夫曼编码

让我们回想一下如何表示 DNA 字符串的问题上。回忆第 7 章中生物学家将 DNA 表示成关于 A、C、G、T4 个字符的字符串。假定存在一个包含 n 个字符的 DNA 串，其中 45％的字符为 A，5％的字符为 C，5％的字符为 G，45％的字符为 T，但是串中的字符并无特定的顺序。如果使用 ASCII 字符集来表示该串，且每个字符占 8 位，那么整个串会占 $8n$ 位。当然，我们

⊖ 像素（pels）与屏幕上的像素（pixels）一样。"pel"和"pixel"均是表示"图片元素"的词语。

能做得更好。由于此时利用 4 个字符来表示 DNA 串，其实我们只需要使用两位来表示每个字符（00，01，10，11），因此能将空间降到 $2n$ 位。

但是通过利用字符的相对出现频率，我们能做得更好。使用如下的位序列来对字符进行编码：A＝0，C＝100，G＝101，T＝11。越频繁出现的字符对应越短的位序列。我们能将这 20 个字符串 TAATTAGAAATTC-TATTATA 编码为 33 位序列 1100111101010001111-10011011110110。（随后我们将看到为什么我选取这一特定的编码方式以及该编码方式所具有的性质。）给定这 4 个字符的出现频率，为了对 n 字符串编码，我们仅仅需要 $0.45 \cdot n \cdot 1 + 0.05 \cdot n \cdot 3 + 0.05 \cdot n \cdot 3 + 0.45 \cdot n \cdot 2 = 1.65n$ 位。（对于上述示例串，$33 = 1.65 \cdot 20$。）通过利用字符的相对出现频率的特点，我们所利用的空间可以降到 $2n$ 位以下！

我们所使用的编码方式，不仅利用出现频率高的字符会产生更短的位序列这一特点，而且还具有更有趣的特征：所有编码均不是其他编码的前缀。例如 A 的编码为 0，那么其他编码均不以 0 开始；T 的编码为 11，那么其他编码均不以 11 开始；等等。我们称这样的编码方式为**无前缀码**（prefix-free code）⊖。

解压操作更能体现无前缀码的优势。因为所有编码都不是其他编码的前缀，当依次解压位时，我们只能匹配确定的位。例如，当对序列 110011110101000111110011011110110 执行解压操作时，仅仅只有字符 T 的编码以 11 开始且没有字符存在一位编码 1，因此我们得出压缩前文本的第一个字符必定是 T。对 11 执行完解压操作后，剩余待解压的序列变为 0011110101000111110011011110110。只有 A 的编码是以 0 开始，因此剩下的压缩前的字符串的第一个字符必定是 A。当对 0 执行完解压操作后，随后的位是 011110，这对应着压缩前的字符 ATTA，剩下的待解压的序列为

⊖ 在《算法导论》（CLRS）中，我们称它为前缀编码（prefix codes）。现在我倾向于使用更恰当的术语无前缀（prefix-free）。

1010001111110011011110110。因为只有 G 的编码是 101，因此下一个所对应的压缩前字符必定为 G。如此执行类似操作，等等。

如果用压缩后信息的平均长度来衡量压缩方法的效率，那么在无前缀编码中，赫夫曼编码⊖是最好的。传统的赫夫曼编码的一个缺点是，它需要提前知道所有字符的出现频率，因此压缩通常需要对待压缩的文本执行两轮扫描：第一轮用来确定字符的出现频率，第二轮用来将每个字符映射为它的编码。我们随后会看到如何以额外的运算为代价来避免第一轮扫描。

一旦确定了字符的出现频率，就可以利用赫夫曼方法来构建一棵二叉树。（如果你忘了二叉树的知识，请回顾前文。）这棵二叉树能向我们表明如何构成编码，以及当执行解压操作时，利用该二叉树也很方便。如下是 DNA 编码例子所对应的二叉树：

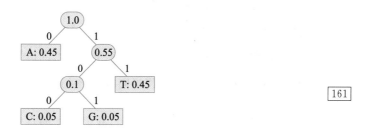

161

二叉树的叶子结点以矩形表示，且叶子内部包含该结点对应的字符，字符旁边标有该字符的出现频率。非叶子结点，或**中间结点**，以圆角矩形表示，且每个中间结点包含位于该结点之下的所有叶子结点的频率和。很快我们将看到为什么使用中间结点来存储频率之和。

二叉树的每条边旁边被标记为 0 或 1。从根出发一直到某字符所对应的叶子结点，将路径上出现的位连接起即组成一个字符的编码。例如，为了确定 G 的编码，从根开始，首先沿着被标记为 1 的边到达它的右孩子；随后沿着被标记为 0 的边到达它的左孩子（出现频率为 0.1 的中间结点），最

⊖ 它以发明该方法的 David Huffman 的名字命名。

终沿着被标记为 1 的边到达它的右孩子（包含着字符 G 的叶子结点）。将这些位连接起来就能得到 G 的编码为 101。

尽管我总是将指向左孩子的边标记为 0，将指向右孩子的边标记为 1，但是如何对它们进行标记并不是那么重要。我能采用如下的方式来标记边：

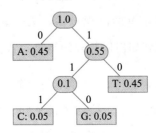

根据这棵二叉树，各个字符所对应的编码分别为 A＝0，C＝111，G＝110，T＝10。这些字符的编码依然是无前缀的，且每个编码的位数都和之前的编码位数相同。那是因为某个字符的编码位数与该字符所对应的叶子结点**深度**（depth）相同：即从根到叶子的路径上所经过的边的个数。然而，如果总是将指向左孩子的边标记为 0，将指向右孩子的边标记为 1，这样会简化操作。

一旦知道了字符的出现频率，我们就能够自底向上地构建一棵二叉树。首先将待压缩的 n 个字符看作 n 个叶子结点，且将这 n 个叶子结点均看作一棵单独的树，因此最初时，每个叶子都相当于一个根。随后我们将重复地查找具有最低出现频率的两个根结点，并将这两个结点作为某个根的孩子来创建一个新根，且这个新创建的根的出现频率为这两个孩子的出现频率之和。这个过程持续进行直到所有的叶子均位于同一个根之下。当执行这个操作时，我们将每个指向左孩子的边标记为 0，将每个指向右孩子的边标记为 1，尽管每次我们都选择两个具有最低出现频率的根，但是无论选择哪个结点作为左孩子，选择将哪个结点作为右孩子均没有关系。

对于 DNA 那个例子，如下说明了构建二叉树的过程具体是如何运行的。我们以四个结点开始，且每个叶子表示一个字符：

162

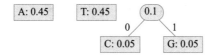

C 结点和 G 结点具有最低出现频率，因此我们创建了一个新结点，并将这两个结点作为该新结点的左右孩子，且新结点的出现频率为这两个孩子的出现频率之和：

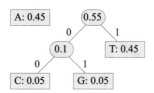

此时剩下的三个根中，我们刚刚创建的这个结点具有最低出现频率 0.1，且另外两个结点的频率均为 0.45。我们令具有最低频率 0.1 的结点作为第一个根，令具有频率 0.45 中的任意一个结点作为第二个根；此时选择具有频率 0.45 的字符为 T 的结点作为第二个根，因此我们令字符为 T 的结点和频率为 0.1 的结点作为新结点的两个孩子，此时新结点的频率为这两个孩子的频率之和，0.55：

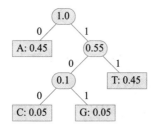

此时只剩下两个根了，因此我们创建一个新结点并将这两个剩下的结点作为新结点的孩子，且该新结点的频率（之后我们也不需要该频率了，因为我们即将完成所有构建工作了）是这两个结点的频率之和，1.0：

既然所有的叶子都在这个新结点之下了，我们就完成了对二叉树的整个构
建过程。

163

为了更具体地表达这个过程，我们为创建二叉树的过程定义一个程
序。即程序 BUILD_HUFFMAN_TREE，它将两个 n 元素数组（即 $char$
数组和 $freq$ 数组）和 n 作为输入，其中 $char[i]$ 包含待压缩的第 i 个字
符，且 $freq[i]$ 表示该字符的频率。为了找到具有最低频率的两个根，程
序利用优先队列调用了 INSERT 和 EXTRACT-MIN 程序。

程序 BUILD-HUFFMAN-TREE($char$，$freq$，n)

输入：

● $char$：包含 n 个待压缩字符的数组。

● $freq$：包含 n 个字符频率的数组。

● n：$char$ 数组和 $freq$ 数组的规模。

输出：根据赫夫曼编码构造的二叉树的根。

1. 构造一个空的优先队列 Q。

2. 令 i 从 1 到 n 依次取值：

　　A. 构建一个新结点 z(频率为 $freq[i]$ 的结点 $char[i]$)。

　　B. 调用 INSERT(Q，z)。

3. 令 i 从 1 到 $n-1$ 依次取值：

　　A. 调用 EXTRACT-MIN(Q)，并将 x 赋值为该调用返回的
　　　　结点。

　　B. 调用 EXTRACT-MIN(Q)，并将 y 赋值为该调用返回的
　　　　结点。

　　C. 构建一个新结点 z(它的频率为 x 的频率和 y 的频率之和)。

　　D. 令 z 的左孩子为 x，z 的右孩子为 y。

　　E. 调用 INSERT(Q，z)。

4. 调用 EXTRACT-MIN(Q)，并且返回该调用提取的结点。

一旦程序到达了第 4 步，那么优先队列中就只剩余一个结点，且该结点就是整个二叉树的根。

根据该程序，你能勾勒出该程序是如何在上面介绍的二叉树上运行的。在第 3 步循环的每次迭代时优先队列的根就相当于每个图中位于顶侧的结点。

让我们快速分析下 BUILD-HUFFMAN-TREE 程序的运行时间。假定优先队列是采用二叉堆实现的，则每个 INSERT 和 EXTRACT-MIN 操作会花费 $O(\lg n)$ 时间。程序对每个这样的操作会执行 $2n-1$ 次调用，因此这些操作总共会花费 $O(n \lg n)$ 时间。所有其他操作总共会花费 $\Theta(n)$ 时间，因此 BUILD-HUFFMAN-TREE 程序会花费 $O(n \lg n)$ 时间。

在之前我已经提过，当执行解压操作时，利用 BUILD-HUFFMAN-TREE 程序所创建的二叉树也会有所帮助。从二叉树的根开始，根据压缩后信息的位沿着树向下走。如果当前位是 0，就向左走，如果当前位是 1 就向右走，同时从压缩后的信息中移去该位。当到达叶子结点时，就暂时终止当前操作，并记录下当前叶子结点所表示的字符，同时重新从根出发来对剩下的信息进行解压操作。回忆 DNA 那个例子，当对位串 1100111101010001111100110111110110 进行解压时，我们首先移除第一个 1，再沿着根向右走，随后移除第二个 1，此时再次向右走，此时到达了叶子结点 T。我们记录下 T 且重新从根结点出发来对剩余位串进行解压操作。我们移除下一位，0，并且沿着根向左走，此时到达了叶子结点 A，同时我们记录下 A，再次回到根结点。持续以这种方式执行解压操作直到位串中的所有位均被处理完。

如果在解压前已经建立了二叉树，那么处理每一位仅仅会花费常量时间。那么解压机制是如何利用二叉树信息的呢？其中一种可能方式是向压缩信息中添加二叉树的表示形式。另一种可能方式是向处理的信息中添加一个解压表。表中的每一项包含字符、编码的位数和编码本身。从这个表

164

中，能在与编码的总位数呈线性时间内建立一棵二叉树。

BUILD-HUFFMAN-TREE 程序实际上是**贪心算法**（greedy algorithm）的一个例子，即我们总是做出在当前看来最好的选择。因为我们想要具有最低频度的字符出现在距离二叉树的根最远的位置，因此贪心算法总是选择将具有最低频度的两个根放在当前新建的结点下面，这个新结点之后又会成为某个其他结点的孩子。Dijkstra 算法也采用了贪心算法，因为它总能对那些优先队列中存储最小最短值的结点出发的边执行松弛操作。

我编程实现了赫夫曼编码程序且将它运行在 Moby Dick 的在线版本上。原始的文本占 1 193 826 个字节，但是压缩后仅仅需要占 673 579 个字节，即压缩后的字节数仅仅为原始规模的 56.42%，当然这不包含编码本身。换句话说，平均情况下对每个字符进行编码仅仅需要占 4.51 位。无须惊奇，最常见的字符为空格（空格出现的频率为 15.96%），其次是 e（它的频率为 9.56%）。频度最低的字符，每个仅仅出现了两次，分别是 \$、&、[和]。

165

自适应赫夫曼编码

实践人员发现对输入执行两轮扫描操作（一轮用来计算字符的频度，另一轮用来对字符进行编码）非常慢。反之，在压缩或者解压的一轮扫描中来更新字符的频度和二叉树可以使压缩和解压程序自适应地运行。

压缩程序初始时为一棵空二叉树。从输入中所读入的每个字符或者是一个新字符或者是已经在二叉树中出现过的字符。如果字符已经在二叉树中出现过，那么压缩程序就会根据当前二叉树得出该字符的编码，并增加该字符的频度，并且，如果有必要的话，就更新二叉树来反映出新的频率。如果字符还没有在二叉树中出现，那么压缩程序就将该字符视为未编码（将该字符看成未编码字符），并且将它添加到二叉树中，且相应地执行更新二叉树操作。

解压程序类似于压缩程序所执行的操作。它在处理压缩信息时也会保存一个二叉树。当在二叉树中看到了关于某个字符的位时，它会自顶向下地确定这些位是对哪个字符的编码，记录下该字符，增加该字符的频度，并更新二叉树。当它得到了一个还没有在树中出现的字符时，解压程序会记录下该字符，并将该字符添加到二叉树上，再更新该二叉树。

　　然而，这里存在某些缺陷。位有歧义，位究竟是表示 ASCII 字符还是表示赫夫曼编码中的位呢？解压程序如何能确定当前正在判定的位是表示一个编码后的字符还是一个待编码的字符呢？位串 101 表示当前被编码为 101 的字符呢，还是一个 8 位待编码字符的初始前 3 位呢？关于这一问题的解决方案是在每个待编码的字符前加一个**转义码**（escape code）：一个特殊结点以表明下一个位集是一个待压缩的字符。如果原始文本中包含 k 个不同字符，那么仅仅会有 k 个转义码出现在压缩信息中，每个转义码位于该字符的首次出现位置之前。转义码通常并不会频繁地出现，因此我们宁可给一个更频繁出现的字符分配一个较短的位序列，也不愿意给转义码分配一个短序列。为了确保转义码不会被分配到较短的序列，一个很好的处理方案是也将转义码并入二叉树中，但是总是令转义码的频度为 0。因此当更新二叉树时，压缩程序和解压程序中的转义码的位序列也会被更新，但是它所在的叶子总是离根最远。

166

9.2　传真机

　　之前，我提到过传真机通过压缩信息来表明正传输的图像一行中的每个相同像素的颜色和相应的相邻像素数。这种方案被称为**行程-长度压缩编码算法**（run-length encoding）。传真机正是结合了行程-长度编码和赫夫曼编码技术。应用正规电话线的传真机标准中，104 编码表明白色像素的不同长度，且 104 编码也表明黑色像素的不同长度。对于白色像素的编码是无前缀的，同时对于黑色像素的编码也是无前缀的，尽管有些白色像素的编码是黑色像素的编码的前缀，反之亦然。

为了确定对哪段行程采用哪种编码方式，标准委员会获取了八份代表性文件并且统计了每段行程出现的频度。随后他们对这些行程建立了赫夫曼编码。出现的最频繁的行程具有最短编码，这些行程分别是被编码为 11、10 和 011 的两个、三个和四个黑色像素。其他较常见的行程是具有一个黑色像素（编码为 010）、五个和六个黑色像素（分别被编码为 0011 和 0010）、两个到七个的白色像素（均被编码为四位编码）和其他相对较短的行程。一个相对频繁的行程包含 1664 个白色像素，即表示一整行白色像素。其他短编码对应着长度为 2 的幂的白色像素或者是两个长度为 2 的幂的和（例如 192，它就等于 $2^7 + 2^6$）的白色像素。行程能通过将较短行程编码连接在一起来组合成新的编码。先前，我举过一个例子，对于一个包含 140 个白色像素的编码，10010001000。该编码实际上是包含 128 个白色像素的编码（10010）和包含 12 个白色像素的编码（001000）的连接。

除了能以行为单位对图像进行压缩外，一些传真机还能以两维为单位对图像进行压缩。相同-颜色像素行程不仅能以水平方式出现，还能以垂直方式出现，因此可以不再将每行看作好像是孤立出现的，而可以根据当前行与上一行的不同之处来对当前行进行编码。对于大多数行而言，当前行与上一行仅仅会有几个像素位置不同。这个方案蕴含着传播错误的风险：一个编码错误或者传输错误均会导致几个连续的行出现错误。由于这个原因，使用这种方案并通过电话线传送信息的传真机会限制可使用的连续行的数目，因此传输过一定数目的行后，它们会使用赫夫曼编码方案传送一个完整行图像，而不仅仅是传送与上一行不同的像素。

167

9.3　LZW 压缩

尤其是针对文本，还存在另一种无损压缩方式，它会利用在文本中重复出现的一些信息（尽管这些信息不一定位于连续位置上）来实现无损压缩。例如，考虑 John F. Kennedy 就职演讲中的一句话：

Ask not what your country can do for you—ask what you can
do for your country.

除了单词 not，该引文中的每个单词均出现了两次。假定我们为每个单词确定一个索引，并制定了下表。

索引	单词	索引	单词
1	ask	6	can
2	not	7	do
3	what	8	for
4	your	9	you
5	country		

那么对该引文进行编码（忽视大写和标点符号）后，该引文被编码为如下

1 2 3 4 5 6 7 8 9 1 3 9 6 7 8 4 5

因为这一引文仅仅包含几个单词，且一个字节能表示从 0～255 的整数，因此我们能将每个索引存放在一个单一字节中。因此，存储该引文仅仅需要 17 个字节以及存储该表所占用的空间，其中一个单词占用一个字节。若原文采取一个字节存放一个字符，且考虑单词之间的空格但是忽略标点符号，则这种存储方式需要花费 77 个字节。

当然，存储表需要占用一定的空间，如果不是的话，我们可以枚举所有可能的单词并通过存储单词的索引来实现对文件的压缩。对于某些单词，这种方案只会扩大文件，而非压缩文件。为什么呢？让我们大胆假定存在单词个数小于 2^{32}，因此能将每个索引存储为 32 位。我们用四个字节来表示一个单词，而实际上一个字母占用一个字节，当单词中字母个数小于等于 3 时，这种方案并没有达到压缩效果。

168

然而，枚举每个可能单词的实际障碍是，实际文本中可能包含那些不是单词的"单词"，更精确地说，并非英文语言中的词。如下是一个极端例子，考虑 Lewis Carroll 的 *Jabberwocky* 四行诗的开头：

Twas brillig，and the slithy toves

Did gyre and gimble in the wabe：

All mimsy were the borogoves，

And the mome raths outgrabe.

再考虑下计算机程序，它通常会使用非英文单词作为变量名。再加上大写、标点符号，以及相当长的地点名字⊖，你将看到如果试图通过枚举每个可能的单词来实现文本压缩，我们必须使用大量索引。这个数量必然会超过 2^{32}，因为任意组合的字符都可能出现在文本中，实际上这个值可能无限大。

然而，我们仍然能够利用重复出现的信息来保证所有的信息都不丢失。我们不必完全拘泥于重复出现的单词。任何再次出现的字符序列都能对信息压缩有所帮助。存在几种依赖于重现字符序列的压缩方案。我们将讲解的是著名的 LZW⊜，LZW 是实践中所使用的众多压缩程序的基础。

LZW 对于压缩和解压的输入执行一轮操作。在压缩和解压操作中，它对已经出现过的字符序列建立一个字典，使用这个字典中的索引来表示字符序列。可以将字典看作一个字符串数组。我们能对这个数组编制索引，以便能对第 i 个索引进行讨论。初始读取输入序列时，字典中各个索引所对应的序列通常较短，则利用索引来表示序列所占用的空间可能更大，并不能达到压缩效果。但是按照 LZW 的执行流程，当依次读取输入序列时，字典中索引所对应的序列长度会变长，因此利用索引来表示序列能节省相当多的空间。例如，我通过 LZW 压缩器对 *Moby Dick* 的文本进行压缩，它的输出会生成一个用来表示 10 字符序列␣from␣the␣的索引 20 次。（每个␣表示一个空格字符。）它的输出中也会生成一个用来表示 8 字符序列␣of␣the␣的索引 33 次。

───────────

⊖ 例如 Llanfairpwllgwyngyllgogerychwyrndrobwllllantysiliogogogoch，它就是一个威尔士村庄名。

⊜ 正如你可能猜想到的，LZW 也是来自发明 LZW 的人物的姓名。Terry Welch 通过修改（由 Abraham Lempel 和 Jacob Ziv 提出的）LZ78 压缩方案，进而创造了 LZW。

　　压缩器和解压器会为字符集中的每个字符建立一个单字符序列。利用完整的 ASCII 字符集，字典初始时有 256 个单字符序列；字典中的第 i 个索引保存着 ASCII 编码为 i 的字符。

　　在具体讲述压缩器是如何工作前，首先让我们看看压缩器能够处理的几种情况。压缩器建立字符串，将它们添加到字典中，并且输出字典中字符串对应的索引。假定压缩器初始时从输入中读入一个字符 T，并以 T 作为初始字符建立了一个字符串。因为字典中包含每个单字符序列，压缩器能够在字典中查找到 T。只要压缩器能够在字典中找到正在建立的字符串，它都会将来自输入的下一个字符附加到正在建立的字符串的后面。现在让我们假定下一个输入字符为 A。压缩器将 A 附加在正在建立的字符串的后面，即得到 TA。现让假定字典中也包含 TA。压缩器随后读入下一个输入字符，假定为 G。它将 G 附加在正在建立的字符串的后面，从而得到 TAG，此时假定 TAG 不在字典中。压缩器会执行三个操作：（1）它输出字符串 TA 对应的字典索引；（2）它将字符串 TAG 插入到字典中；（3）它开始建立一个新字符串，且该字符串初始时仅仅包含导致字符串 TAG 不在字典中的那个字符（即 G）。

　　通常情况下压缩器就是按照这个流程工作的。它会生成一系列的索引并将索引加入字典中。将这些索引所对应的字符串连接起来就会得到原始的文本。压缩器按照一次一个字符地在字典中建立字符串，因此只要它将一个字符串插入到字典中，该字符串必定等同于字典中的某个字符串和一个字符的连接。压缩器管理来自输入的一个连续字符串 s，维持着一个不变量即字典中总是包含 s 的项。即使 s 是一个单字符，它也会出现在字典中，因为字典为字符集中的每个字符维持着一个单字符序列。初始时，s 仅仅是输入的第一个字符。当读入一个新字符 c 后，压缩器检查字符串 sc（在 s 的末尾附加上 c）当前是否在字典中。如果 sc 确实在字典中，那么就将 c 附加在 s 的后面并且调用结果 s；换句话说，它将 s 赋值为 sc。压缩器正创建一个最终会插入到字典中的更长字符串。否则（s 在字典中而 sc

170

不在字典中），在这种情况下，压缩器会输出字典中 s 所对应的索引，将 s
c 插入到下一个可用的字典项中，并将 s 赋值为刚刚输入的字符 c。通过将
sc 添加到字典中，压缩器中已经添加了一个由 s 和某个字符连接所组成的
字符串，并将 s 赋值为 c，此时再次开始执行在字典中进行查找并建立字
符串的操作。因为 c 在字典中是一个单字符字符串，压缩器维持着 s 在字
典中所对应位置的不变量。一旦执行完所有输入，压缩器会输出字符串 s
所对应的索引。

LZW-COMPRESSOR 程序如下所示。让我们对文本 TATAGATCT-
TAATATA 这个例子执行一遍压缩操作。（前面我们看到了序列 TAG 的产
生过程。）下面的这张表显示了在第 3 步循环的每次迭代时的执行流程。每
次迭代开始时字符串 s 的值如下所示。

迭代次数	s	c	输出	字典中的新串
1	T	A	84(T)	256：TA
2	A	T	65(A)	257：AT
3	T	A		
4	TA	G	256(TA)	258：TAG
5	G	A	71(G)	259：GA
6	A	T		
7	AT	C	257(AT)	260：ATC
8	C	T	67(C)	261：CT
9	T	T	84(T)	262：TT
10	T	A		
11	TA	A	256(TA)	263：TAA
12	A	T		
13	AT	A	257(AT)	264：ATA
14	A	T		
15	AT	A		
第 4 步	ATA		264(ATA)	

程序　LZW-COMPRESSOR(*text*)

输入：

- *text*：ASCII 字符集中的一个字符序列。

输出：字典中输入的字符序列所对应的索引序列。

1. 对于 ASCII 字符集中的每个字符 *c*，执行如下操作：

    A. 在 *c* 所对应的 ASCII 编码处插入字符 *c*。

2. 将 *s* 赋值为 *text* 的第一个字符。

3. 只要 *text* 未执行到末尾，执行如下操作：

    A. 取 *text* 中的下一个字符，并将该字符赋值给 *c*。

    B. 如果 *sc* 出现在字典中，那么将 *s* 赋值为 *sc*。

    C. 否则（*sc* 没有出现在字典中），执行如下操作：

        i. 输出 *s* 在字典中所对应的索引。

        ii. 将 *sc* 插入到字典的下一个可用项中。

        iii. 将 *s* 赋值为单字符字符串 *c*。

4. 输出 *s* 在字典中对应的索引位置。

经过第 1 步，对于 256 个 ASCII 字符，字典在从 0～255 项上存储了每个单字符字符串。第 2 步在字符串 *s* 中仅仅保存了第一个输入字符，T。第 3 步的主循环的第一次迭代中，*c* 是下一个输入字符，A。连接 *sc* 得到字符串 TA，TA还未曾在字典中出现过，因此会执行第 3C 步。因为字符串 *s* 中仅仅保存着 T，并且 T 的 ASCII 编码是 84，第 3Ci 步会输出索引 84。第 3Cii 步会将字符串 TA 插入到字典的下一个可用项处，即索引 256 处，且第 3Ciii 步会重新设定 *s*，并将 *s* 赋值为字符 A。在第 3 步循环的第二次迭代中，*c* 是下一个输入字符，T。字符串 *sc* = AT 还未曾在字典中出现过，因此第 3C 步会输出索引 65（A 的 ASCII 码），将字符串 AT 插入到索引 257 处，并将 *s* 赋值为 T。

在第 3 步循环接下来的两次迭代中，我们将会发现字典的优点。在第三次迭代中，*c* 保存着下一个输入字符，A。现在字符串 *sc* = TA，在字典中出现过，因此程序不会产生任何输出。反之，第 3B 步会将输入字符附加到 s 的末尾，即将 s 赋值为 TA。在第四次迭代时，c 中保存着字符 G。字符串 $sc=$ TAG 未曾在字典中出现过，因此第 3Ci 步会输出 s 对应的字典索引 256。一个输出数字并非都是对应着一个字符，此时对应着两个字符：TA。

171
〜
172

当执行完 LZW-COMPRESSOR 程序时，并不是会输出每个字典索引，有一些索引的输出会不止一次。如果将输出列的圆括号中的所有字符连接起来，你会得到原始的文本，TATAGATCTTAATATA。

上述例子的数据量太小以至于无法体现 LZW 压缩的真正优势。输入占 16 个字节，输出包含 10 个字典索引。每个索引至少需要一个字节。如果使用两个字节来表示每个输出索引项，那么所有的输出会占用 20 个字节。如果每个索引占四个字节，即按照一个整数值通常占用的大小计算，该输出会占用 40 个字节。

文本越长，LZW 压缩效果越好。LZW 压缩能将 Moby Dick 的大小从 1 193 826 个字节降到 919 012 个字节。这里，字典包含 230 007 项，因此索引至少会占用四个字节[⊖]。输出包含 229 753 个索引，或为 919 012 个字节。这不如赫夫曼编码压缩效果（赫夫曼编码会占用 673 579 个字节）好，但是随后我们将看到一些改进压缩的方法。

当我们能执行解压操作时，LZW 压缩会有所帮助。幸运的是，字典不用伴随着压缩信息一起存储。（如果不仅存储了压缩信息，还存储了字典，除非原始文本中包含大量的重现字符串，否则的话，LZW 压缩的输出再加上字典将造成对原始信息的一种扩充，而不是压缩。）正如之前提到的，LZW 解压能直接利用压缩信息重建字典。

如下介绍了 LZW 解压器是如何工作的。像压缩器一样，解压器在字典

⊖ 这里，假定我们通过使用规范的计算机标准来表示整数（每个整数占一个、两个、四个，或者八个字节）。理论上，我们能够仅仅用三个字节表示多达 230 007 个的索引，此时输出会占用 689 259 个字节。

中存储了对应着 ASCII 字符集的 256 个单字符序列。它将一系列索引读入字典作为输入，即与压缩器建立字典时所执行的操作类似。只要它产生一个输出，那么该输出正是来自已经添加到字典中的一个字符串。

大多数情况下，输入的下一个字典索引是已经存储在字典中的项（随后我们将看到其他情况下应该执行的操作），因此 LZW 解压器会在字典中找出那个索引所对应的字符串并输出该字符串。但是解压器是如何建立字典的呢？让我们暂时思考下压缩器是如何工作的。当它发现，尽管字符串 s 在字典中，而字符串 sc 没有在字典中时，它会在第 3C 步中输出一个索引。 它输出字典中 s 所对应的索引，并将 sc 插入到字典中，随后开始建立一个以 c 开始的新串。解压器必须匹配这一操作。对于每个从输入上获取的索引，解压器会输出字典中那个索引所对应的字符串 s。但是解压器也知道此时压缩器输出了字符串 s 对应的索引，且压缩器的字典中并不存在字符串 sc（其中 c 是紧随着 s 出现的字符）。解压器知道压缩器将字符串 sc 插入到了字典中，因此那也是解压器最终需要执行的操作。但是解压器还不能将 sc 插入到字典中，因为它还没有遇到字符 c（c 是解压器即将输出的下一个字符串的第一个字符）。但是解压器还不知道下一个字符串。因此，解压器需要跟踪记录要输出的两个连续字符串。如果解压器按序输出了两个字符串 X 和 Y，那么它将 Y 的第一个字符连接到 X 的后面，并将这个连接后的字符串插入到字典中。

173

让我们看一个例子，参考前面第 3 步循环每次迭代时的执行流程表，该表表明了压缩器是如何对 TATAGATCTTAATATA 执行操作的。在第 11 次迭代时，压缩器输出了字符串 TA 所对应的索引 256，并将字符串 TAA 插入到字典中。那是因为，此时压缩器的字典中包含字符串 $s=$TA，但是不包含 $sc=$TAA。最后一个 A 表示由压缩器输出的下一个字符串的第一个字符，且下一个字符串为第 13 次迭代时的字符串 AT（位于索引 257 处）。因此，当解压器遇到索引 256 和 257 时，它应该输出 TA，并且它也应该记住字符串 TA，以便当它输出 AT 时，它能将 AT 中的 A 连接到 TA 上，以便将该结果字符串 TAA 插入到字典中。

极少数情况下，解压器输入中的下一个字典索引还未曾出现在字典中。这种情况如此罕见以至于当对 Moby Dick 执行解压操作时，229 753 个索引中这种情况仅仅出现了 15 次。当压缩器的索引输出是最近刚刚插入到字典中的字符串时，这种情况会发生。当且仅当这个索引位置的字符串开始字符和结束字符相同时，这种情况才会发生时。为什么呢？回想压缩器输出一个字符串 s 的索引当且仅当它发现字典中存在 s，但是不存在 sc 时，随后它将 sc 插入到字典中（称在索引 i 的位置上插入 sc），并开始建立一个以 c 为第一个字符的新字符串 s。如果由压缩器输出的下一个索引是 i，那么字 |174| 典中位于索引 i 处的字符串一定以 c 开始，但是我们刚刚看到这个字符串为 sc。因此如果解压器的输入中的下一个字典索引还未曾在字典中出现过，那么解压器会输出最近插入到字典中的字符串和该字符串的第一个字符所构成的连接字符串，并将这个新字符串插入到字典中。

因为这种情况特别罕见，我们需要自行设计一个例子。字符串 TATATAT 符合这种情况。压缩器所执行的操作如下：输出索引 84（T）并且在索引 256 处插入 TA；输出索引 65（A）并且在索引 257 处插入 AT；输出索引 256（TA），并且在索引 258 处插入 TAT；最终输出索引 258（TAT——刚刚向字典中插入的字符串）。当读到索引 258 时，解压器将它最近输出的字符串 TA，与该字符串的第一个字符 T 做连接，并输出合成字符串 TAT，同时将该字符串插入到字典中。

尽管只有当字符串初始和末尾字符相同时，该罕见情况才会发生，但是并非每次出现字符串初始和末尾字符相同时，这种情况均会发生。例如，当对 Moby Dick 进行压缩操作时，被输出的索引所对应的字符串中有 11 376 次（略低于 5%）初始字符和末尾字符均相同，但是此时并没有将最近出现的字符串添加到字典中。

下面的 LZW-DECOMPRESSOR 程序精确地描述了所有的操作流程。

下表显示了当以上面的表中的输出列上的索引作为输入时，每次执行第 4 步循环的迭代时的程序执行过程。字典中以 *previous* 和 *current* 为索引的字符串是相继的两次迭代的输出，且 *previous* 和 *current* 的值是第 4B 步之后的每次迭代的结果。

迭代次数	上一个索引 （*previous*）	当前索引 （*current*）	输出（*s*）	字典中的新串
第 2、3 步		84	T	
1	84	65	A	256：TA
2	65	256	TA	257：AT
3	256	71	G	258：TAG
4	71	257	AT	259：GA
5	257	67	C	260：ATC
6	67	84	T	261：CT
7	84	256	TA	262：TT
8	256	257	AT	263：TAA
9	257	264	ATA	264：ATA

除了最后一次迭代之外，输入索引均已经在字典中了，因此仅仅在最后一次迭代时才执行第 4D 步。能够观察出，根据 LZW-DECOMPRESSOR 程序所建立的字典与依据 LZW-COMPRESSOR 程序所建立的字典完全匹配。

175

程序 LZW-DECOMPRESSOR(*indices*)

输入：

● *indices*：由 LZW-COMPRESSOR 所创建的一个字典索引序列。

输出：LZW-COMPRESSOR 的输入字符串。

1. 对于 ASCII 字符集中的每个字符 *c*，执行如下操作：

    A. 在字典中 *c* 所对应的 ASCII 编码处插入字符 *c*。

2. 将 *current* 赋值为 *indices* 中的第一个索引。

3. 输出索引 *current* 在字典中所对应的字符串。

4. 只要 *indices* 未到达末尾处，执行如下操作：

A. 将 *previous* 赋值为 *current*。

B. 取 *indices* 的下一个索引，并将它赋值给 *current*。

C. 如果字典中包含索引为 *current* 的项，那么执行如下操作：

   i. 将 *s* 赋值为索引 *current* 在字典中所对应的字符串。

   ii. 输出字符串 *s*。

   iii. 在字典中的下一个可用的位置处插入由字典中索引为 *previous* 所对应的字符串与 *s* 的首字符连接所组成的字符串。

D. 否则（字典中不包含索引为 *current* 的项），执行如下操作：

   i. 将 *s* 赋值为由字典中索引为 *previous* 所对应的字符串和该字符串的首字符连接所组成的字符串。

   ii. 输出字符串 *s*。

   iii. 在字典的下一个可用位置处插入字符串 *s*。

我还没有讲解如何在由 LZW-COMPRESSOR 和 LZW-DECOMPRESSOR 程序所建立的字典中查询信息。从 LZW-DECOMPRESSOR 所建立的字典中查找信息非常容易：只要跟踪记录用过的最后一个字典索引，如果 *current* 的索引小于或者等于上次使用的索引，那么该字符串就在字典中。LZW-COMPRESSOR 程序需要执行一个更复杂的任务：给定一个字符串，确定它是否在字典中，如果该字符串在字典中的话，要找出该字符串所对应的索引位置。当然，我们只需对字典执行一个线性查找，但是如果字典包含 n 项，那么每次线性查找都会花费 $O(n)$ 时间。我们能采用如下几个数据结构中的一个来提高查找效率。但在这里我不再详述细节。其中一种数据结构为 trie，它很像赫夫曼编码中所建立的二叉树，除了每个结点可以有多个孩子，而不仅仅是两个孩子，且每条边上被标记一个 ASCII 字符之外。其他可采用的数据结构有**哈希表**（hash table），当在字典中查找字符串时，哈希表能提供一个平均情况下更快捷的查找方式。

LZW 改进

正如我所提到的,用 LZW 方法来对 Moby Dick 文本进行压缩并没有产生震撼人心的效果。部分原因是压缩时会产生一个规模很大的字典。该字典包含 230 007 项,且每个索引至少包含四个字节,因此对于一个包含 229 753 个索引的输出,压缩后为 229 753 的四倍,即 919 012 个字节。再次,我们能观察到 LZW 压缩产生的索引的一系列性质。其一,大多数索引值较小,这意味着当用 32 位表示这些索引时,前面会有许多 0。其二,一些索引会比其他索引出现得更频繁。

当满足这两个性质时,使用赫夫曼编码很可能能够产生好的结果。我将对字符进行操作的赫夫曼编码程序更改为针对四字节整数进行操作,并且我在对 Moby Dick 上执行的 LZW 压缩结果运行赫夫曼编码程序。生成的文件仅仅会占用 460 971 个字节,即原始大小(1 193 826 个字节)的 38.61%,这超越了仅仅采用赫夫曼编码的结果。然而,请注意我并没有将赫夫曼编码的规模计算在内。正如压缩包含两个步骤——使用 LZW 压缩文本,随后使用赫夫曼编码对生成的索引再次执行压缩操作——解压也将是一个两步机制:首先使用赫夫曼编码解压,随后使用 LZW 进行解压。

其他改进 LZW 压缩的方案集中于减少压缩后输出的索引位数。因为许多索引值较小,一种改进方案是对越小的数字使用越少的位,但是,保留前两位来表明数字需要多少位。如下代表了一种方案:

177

- 如果前两位是 00,那么索引值为 $0 \sim 63(2^6 - 1)$,即额外需要六位来表示索引,因此总共会占用一个字节。

- 如果前两位是 01,那么索引值为 $64 \sim 16\,383(2^{14} - 1)$,即额外需要 14 位来表示索引,因此总共会占用两个字节。

- 如果前两位是 10,那么索引值为 $16\,384(2^{14}) \sim 4\,194\,303(2^{22} - 1)$,即

额外需要 22 位来表示索引，因此总共会占用三个字节。

- 如果前两位是 11，那么索引值为 4 194 304(2^{22})～1 073 741 823(2^{30} − 1)，即额外需要 30 个字节来表示索引，因此总共会占用四个字节。

在另外两个方法中，压缩器的输出索引规模大小相同，因为压缩器会限制字典的规模。其中一个方法是，一旦字典达到了最大规模，就不允许插入任何项。另一种方法是，一旦字典达到了最大规模，字典就会被清空（除了会保留前 256 项），再次对字典进行填充时会重新从字典被填充文本时开始。所有方法中，解压器所执行的操作必须与压缩器所执行的动作相匹配。

9.4 拓展阅读

Salomon 所写的书［Sal08］讲述得非常简洁清楚，然而它涵盖了一系列压缩技术。比 Salomon 的书还要早 20 年出版的 Storer 所写的书［Sto88］，是压缩领域中的一本经典书籍。《算法导论》［CLRS09］的 16.3 节细致深入地研究了赫夫曼编码，尽管它并没有证明赫夫曼编码可能是最好的无前缀编码。

第 10 章

Algorithms Unlocked

难？问题

当我在网上购物时，卖家必须将物品邮寄到我的家中。大部分时间，卖家会联系包裹-配送公司配送物品。我不是要介绍购买物品时我最常使用的包裹-配送公司，而是要介绍关于时不时会停在我家车道上的棕卡车相关问题。

10.1　棕卡车问题

美国的包裹-配送公司大约运营着 91 000 辆棕卡车，世界上的其他地区也相应运营着自己国家的棕卡车。一星期中至少有五天，每辆卡车会开始和终止于一个特定的车道上并在许多住宅区和商业区卸下包裹。包裹-配送公司中的每辆卡车每天都要经过许多站点，因此包裹-配送公司希望能减轻每辆卡车所产生的油耗等开支代价。例如，我咨询了一个在线资源，它宣称一旦该公司为它的司机们在地图上制定出能够减少左转数目的路线，那么车辆的总运行里程数在 18 个月期间能减少 464 000 英里，节省 51 000 加仑的燃料，同时也会减少 506 公吨的二氧化碳排放量。

如何能使公司减少每天每辆卡车的开支呢？假定一辆指定的卡车在特定的一天内必须将包裹邮寄到 n 个地点。加上停车场，该卡车一共需要访问 $n+1$ 个地点。对于这 $n+1$ 个地点中的每个地点，公司能够计算出将卡车从某个地点发送到其他 n 个地点中的每个地点的代价，因此公司能对地点到地点之间的代价制作一个 $(n+1) \times (n+1)$ 的代价表，其中对角线上的项均是无意义的，因为第 i 行和第 i 列对应着同一个位置。公司想要确定从停车场出发，并且最终也停在停车场，且对所有的 n 个地点均只访问一次的路线，以便整个路线的总代价尽可能地小。

可以通过写一个计算机程序来解决这个问题。毕竟，如果考虑一条特定的路线且我们知道路线中所经过的地点的顺序，那么它仅仅是在表中查看从一个地点到另一个地点的代价并把所有代价累加起来的问题。随后我们仅仅需要枚举出所有可能的路线并记录下哪条路线的代价和最小。所有可能路线的数目是有限的，因此该程序必定会在某个时刻终止且会给出答案。该程序看起来不难写，对吧？

确实，这个程序不难写。

但是它很难执行。

障碍在于，访问 n 个地点的所有可能路线的数目是非常庞大的：$n!$（n 阶乘）。为什么呢？卡车从停车场开始出发。从第一个停车点开始，任何剩下的 $n-1$ 个位置都可能成为第二个停车位置，因此对于前两次停车而言，按照次序总共有 $n \cdot (n-1)$ 种可能的组合。一旦我们确定了前两次停车地点，任何剩下的 $n-2$ 个地点之一都可能成为第三个停车位置。依次类推，对于 n 个邮寄地点，所有可能的排序方案为 $n \cdot (n-1) \cdot (n-2) \cdots 3 \cdot 2 \cdot 1$ 个，或者称为 $n!$。

回忆可知 $n!$ 比指数函数增长得还快，它是超指数的。第 8 章中，我指出 10! 等于 3 628 800。对计算机而言，那不是一个很大的数。但是棕卡车每天卸包裹的地点个数绝对会超过 10。假定一辆卡车每天会邮寄到 20 个地址。（在美国，公司中的每辆卡车平均会邮寄 170 个包裹，即使考虑到多个包裹可能邮寄到同一个地点，现在按照 20 计算，也绝对没有高估。）如果需要邮寄到 20 个地点，一个计算机程序需要枚举出 20! 种可能的顺序，20! 等于 2 432 902 008 176 640 000。如果计算机每秒能够枚举和估算一万亿个序列，那么将所有可能的序列均枚举出来可能需要花费超过 28 天的时间。而这只是针对 91 000 辆卡车中的其中一辆且仅仅是其一天的邮寄量所计算出的代价。

采用这种方法来找到每天所有卡车的最低代价路线，从而进行相关操作处理和计算，该计算代价很容易磨灭找到较优的路线所带来的收益。通过枚举所有可能的路线从而记录下最好路线的方案，尽管在数学上看起来是可行的，但它却是不实际的。对于每辆卡车来查找一个具有最小代价的路线，是否存在一个更好的方法呢？

没有人知道。（或许假定某人确实知道，他还没有告诉我们。）还没有人找到一个更优的方案，且也没有人能够证明出一个更优的方案不存在。这到底有多令人沮丧呢？

这比你可能想到的更令人沮丧。对棕卡车寻找最低代价的问题被称为**旅行商问题**（traveling-salesman problem）[⊖]，之所以被称为旅行商问题，是因为该问题原型是一个旅行商必须参观 n 个城市，开始和终止于同一个城市，且以一种最短可能旅行方案访问完所有城市。还没有发现是否存在一个能在 $O(n^c)$（c 为常量）时间内执行完成的算法。给定 n 个城市间的距离，我们不知道是否存在一个可以在 $O(n^{100})$ 时间、$O(n^{1000})$ 时间，甚至

180

⊖ 关于性别问题，我表示很抱歉。"traveling-salesman problem" 是历史创造的名字，如果该问题今天首次被提出，我希望它被称为 "traveling-salesperson problem"。

$O(n^{1\,000\,000})$时间内访问完 n 个城市的最佳可能次序的算法。

还存在更糟糕的。许多问题——成千上万个问题——拥有同样的特点：对于一个规模为 n 的输入，我们不知道是否存在一个能在 $O(n^c)$ 时间（c 为常量）内运行完成的算法，然而也还没有人能够证明这样的算法不存在。这些问题所涉及的领域很广泛——逻辑上，图上，算术上及各个交叉学科上。

为了将该糟糕现象提升到一个新层面，以下是一个惊人的事实：如果对于这些问题中的任意一个问题存在一个 $O(n^c)$ 时间的算法，其中 c 为常量，那么对于所有问题均能找到一个 $O(n^c)$ 时间的算法。我们称这些问题为 **NP-完全问题**（NP-complete）。对于规模为 n 的输入，能够在 $O(n^c)$ 时间（c 为常量）执行完成的算法被称为**多项式-时间算法**（polynomial-time algorithm），如此称谓是因为带系数的 n^c 项将会是运行时间中起主要作用的项。我们还不知道关于任何 NP-完全问题的多项式-时间算法，但是还没有人证明出不能在多项式时间解决 NP-完全问题。

还存在更令人失望的事实：许多 NP-完全问题和我们已知的能在线性时间内解决的问题很像。它们之间仅仅有一点区别。例如，回想一下第 6 章的在一个有向图中寻找单源最短路径的 Bellman-Ford 算法，即使图中存在负权重的边，当图中包含 n 个顶点、m 条边时，该算法也能够在 $\Theta(nm)$ 时间内执行完成。如果图为邻接表，那么输入规模为 $\Theta(n+m)$。假定 $m \geqslant n$，那么输入规模为 $\Theta(m)$ 并且 $nm \leqslant m^2$，因此 Bellman-Ford 算法的运行时间是关于输入规模的多项式时间。（如果 $n > m$，你也能得到相同的结果。）因此很容易寻找出最短路径。然而，你可能惊奇地发现，在两个顶点间寻找一条最长的无环路径（也就是说，一条最长的不包括环路的路径）是 NP-完全问题。事实上，仅仅判定一个图中是否包含一条不包括回路的至少包含指定数目的边的路径就是一个 NP-完全问题。

看相关问题的另外一个例子，其中一个很简单，而另一个却是一个 NP-完全问题，例如考虑一下欧拉环和哈密顿环。这两个问题都是关于在连通的无向图中寻找路径的。在无向图中，边没有方向，因此 (u, v) 和 (v, u) 表示同一条边。我们称边 (u, v) **关联于**顶点 u 和 v。一个**连通图**表示任意一对顶点间存在一条路径。一个**欧拉环**（Eulertour）⊖开始和终止于同一个顶点，并且对每条边精确地访问一次，尽管它对每个顶点的访问次数可能多于一次。一个**哈密顿环**（hamiltonian cycle）⊖开始和终止于同一个顶点，并且它对每个顶点精确地访问一次（当然，不包括开始时的顶点，因为哈密顿环开始和终止于同一个顶点，它对开始时的顶点会访问两次）。如果问一个连通无向图中是否存在一个欧拉环，那么这个算法相当简单：确定每个顶点的**度**，也就是说，在这个图中有多少边与该顶点相关联。图中存在欧拉环当且仅当每个顶点的度是偶数。但是如果问一个连通无向图中是否存在一个哈密顿环，那就是 NP -完全问题。注意这个问题不是“这个图中一个哈密顿环的顶点顺序是什么？”而仅仅是更基本的“是还是不是的问题：在这个图中是否可以创建一个哈密顿环？”

NP -完全问题经常会在不经意间出现，这就是为什么我在本书中介绍了许多涵盖 NP -完全问题的资料。如果你正试图对一个已经被证明是 NP -完全的问题寻找一个多项式-时间算法，你很可能会很绝望。（但是请参考本章 10.7 节。）NP -完全问题的概念于 20 世纪 70 年代初期被提出，之后，人们都在试图解决那些已经被证明是 NP -完全的问题（例如旅行商问题）。到目前为止，我们不知道对于任意一个 NP -完全问题是否存在一个多项式-时间算法，并且我们也不知道这样的算法是否确实不存在。许多杰出的计算机专家已经花费了多年来研究这个问题但还是没有解决。我并不是说对于任意一个 NP -完全问题，你都不可能找到一个多项式-时间算法，而是说如果你正试图解决一个 NP -完全问题的时候，很可能会困难重重。

⊖ 如此称谓是因为数学家 Leonhard Euler 于 1736 年证明了通过不重复地走过七座桥一次，最后回到出发点来遍历普鲁士的哥尼斯堡城是不可能的。

⊖ 这个名字是用来纪念 W. R. Hamilton 的，他于 1856 年提出了一个在十二面体图上玩的数学游戏，其中一个游戏者将任意五个连续的顶点用五个别针固定住，而另一个游戏者必须找出一个能包含所有顶点的环路。

10.2 P、NP 和 NP-完全类

前面的章节中，我关注于 $O(n^2)$ 与 $O(n\lg n)$ 运行时间的区别。然而，本章中，如果算法能够在多项式时间内执行完成，我们也会觉得很庆幸，因此 $O(n^2)$ 与 $O(n\lg n)$ 的区别就不是那么重要了。计算机专家一般将能够在多项式-时间解决的问题称为"易处理的"，这意味着"容易处理"。如果一个问题存在着一个多项式-时间算法，那么就称这个问题属于 **P 类**问题。

此时，你可能纳闷我们怎么可以将一个需要 $\Theta(n^{100})$ 运行时间的问题看作是易处理的呢？当输入规模 $n = 10$ 时，10^{100} 不是一个非常大的数字吗？是的，它确实是；事实上，10^{100} 这个数字是一个天文数字（googol）（"Google"的原名）。幸运的是，我们还没有看到过会花费 $\Theta(n^{100})$ 运行时间的算法。实际上我们所遇到的 P 类问题会花费相当少的时间。我很少看到过会花费比 $O(n^5)$ 时间更长的多项式-时间算法。而且，一旦有人首先找到了一个关于某个问题的多项式-时间算法，其他人紧接着会得出具有更高效率的算法。因此如果某人对某一问题，首次设计了一个 $\Theta(n^{100})$ 运行时间的多项式-时间算法，那么很有可能其他人随后就会设计出运行得更快的算法。

现在假定你得到了一个问题的解决方案，并且想证明该方案是正确的。例如，关于哈密顿环问题，一个拟定的解决方案将是一系列顶点。为了证明这个解决方案是正确的，除了初始顶点和末尾顶点相同外，你需要检查序列中的每个顶点出现且仅出现了一次，设该序列为 $\langle v_1, v_2, v_3, \cdots, v_n, v_1 \rangle$，那么图中必定包含边 (v_1, v_2)，(v_2, v_3)，(v_3, v_4)，$\cdots$，(v_{n-1}, v_n) 及 (v_n, v_1)。你可以很容易地在多项式时间内证明该解决方案是正确的。如果可以在关于问题输入规模的多项式时间内验证一个拟定的解决方案是

正确的，那么我们称该问题属于 **NP 类** [⊖]。我们称提出的解决方案为一个**证书**（certificate），并且一个问题如果属于 NP 类，那么它必须验证该证书是否满足所需的时间是关于问题输入规模和证书规模的多项式时间。

如果你能在多项式时间内解决一个问题，那么你必定能在多项式时间内验证该证书是否满足。换句话说，P 类中的每个问题必定属于 NP 类。反过来——每个 NP 类中的问题是否也属于 P 类呢？——这就是这么多年来一直困扰着计算机专家的问题。我们称它为"P＝NP? 问题"。

NP-完全问题是 NP 中"最难的"问题。简单来讲，如果一个问题满足以下两个条件，那么该问题才属于 **NP-完全**（NP-complete）问题：（1）它属于 NP-问题同时满足（2）如果该问题存在一个多项式-时间算法，那么存在一种方式将其他每个 NP 问题转化为该问题，以便能在多项式时间内求解每个 NP 问题。如果任意一个 NP-完全问题均存在一个多项式时间算法——也就是说，如果任意一个 NP-完全问题属于 P 类——那么 P＝NP。因为 NP-完全问题是 NP 中最难的问题，如果证明出任意一个 NP-问题均不存在多项式-时间算法，那么所有的 NP-完全问题也不会存在多项式时间算法。一个问题被称为是 **NP-难**（NP-hard）问题，当且仅当它满足 NP-完全的第二个条件且可能为 NP 问题也可能不是 NP 问题时。

如下列出了 P、证书、NP、NP-难、NP-完全的定义：

- **P**：能在多项式时间内解决的问题，即，我们能在关于问题输入规模的多项式时间内解决该问题。

- **证书**（*Certificate*）：关于一个问题的拟定的解决方案。

- **NP**：能够在多项式时间内验证的问题，即，给定一个证书，我们能

⊖ 你可能推测到 P 来自"polynomial time"（多项式时间）。如果你想要知道 NP 来自哪几个英文单词的缩写，实际上，NP 来自"nondeterministic polynomial time"（不确定的多项式时间），它是 NP 类问题的等价表达式，但是听起来并不是那么直观。

在关于问题输入规模和证书规模的多项式时间内验证该证书是问题的一个解决方案。

- **NP-难**（*NP-hard*）：如果存在一个多项式时间算法来解决该问题，那么就存在一种方式将所有的 NP 问题转化为该问题，从而使得在多项式时间内解决所有的 NP 问题。

- **NP-完全**（*NP-complete*）：一个既是 NP-难，也是 NP 的问题。

184

10.3　可判定问题和归约

当谈论 P 和 NP 类，或者关于 NP-完全的概念时，我们将其限定于**可判定问题**（decision problem）：它们的输出只有一位，即"是"还是"不是"。我将欧拉回路和哈密顿环问题表述如下：图中存在一个欧拉回路吗？图中存在一个哈密顿环吗？

然而，一些问题不是可判定问题，而是最优化问题，即我们想要找到最好的可能方案。幸运的是，我们通常能够将一个最优化问题转化为一个可判定问题。例如，考虑一下最短路径问题。这里，我们使用 Bellman-Ford 算法来寻找最短路径。我们如何能将一个最短路径问题转化为一个是/不是问题呢？我们能这样提问，"图中两个特定顶点之间是否包含一条权重和不超过给定值 k 的路径呢？"我们并没有问路径上的顶点或者边，而仅仅在问是否存在这样一条路径。假定路径的权重都是整数，那么我们就能通过问是/不是问题找到两个顶点间的最短路径的真正的权重和。如何实现呢？首先令 $k=1$。如果答案为不是，那么尝试令 $k=2$。如果答案为不是，尝试令 $k=4$。持续令 k 的值加倍直到答案为是时止。如果最后一次测试时，k 为 k'，那么答案肯定是介于 $k'/2$ 和 k' 之间。随后通过以初始区间为 $k'/2$ 到 k' 执行二分查找来寻找真正的答案。这一方法虽然无法让我们得出最短路径上包含哪几个顶点和哪几条边，但是它至少会告诉我们一条最短路径的权重和。

NP-完全问题成立的第二个条件是，如果该问题存在一个多项式-时间算法，那么就存在一个方法可以将 NP 中的每个问题均转化为该问题使得在多项式时间内能够解决所有的 NP 问题。下面我们集中讨论可判定问题。让我们看看将一个可判定问题 X，转化为另一个可判定问题 Y 的大意，从而得出如果 Y 存在一个多项式-时间算法，那么 X 也会存在一个多项式-时间算法。我们称这样一种转化为**归约**（reduction），因为我们将对 X 问题的解决归约为对 Y 问题的解决。如下阐述了这一观点：

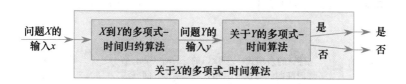

185

首先给定一个规模为 n 的问题 X 的输入 x。我们将这一输入转化为问题 Y 的输入 y，并且能在关于 n 的多项式时间内完成这一转化，也就是 $O(n^c)$ 时间（c 为常数）。我们将输入 x 转化为输入 y 必须遵循一个重要的性质：如果算法 Y 对于输入 y 确定为"是"，那么算法 X 对输入 x 也应该确定为"是"；如果算法 Y 对输入 y 确定为"否"，那么算法 X 对输入 x 也应该确定为"否"。我们称这一转化为一个**多项式-时间归约算法**。让我们看看对于问题 X，整个算法需要花费多长时间。归约算法会花费 $O(n^c)$ 时间，它的输出不可能比它所花费的时间长，因此归约算法的输出规模为 $O(n^c)$。而问题 X 的输出即是问题 Y 的输入 y。由于关于 Y 的算法是一个多项式-时间算法，对于规模为 m 的输入，会花费 $O(m^d)$（d 为常量）时间。这里，m 就是 $O(n^c)$，因此 Y 算法花费的时间为 $O((n^c)^d)$，或者称为 $O(n^{cd})$。因为 c 和 d 都是常量，因此 cd 也是常量，因此我们看到关于 Y 的算法是一个多项式-时间算法。对于问题 X 的算法的总共耗费时间为 $O(n^c + n^{cd})$，这也是一个多项式-时间算法。

这一方法表明，如果问题 Y 是"易处理的"（在多项式时间可以解决的），那么问题 X 也是"易处理的"。但是该多项式-时间归约不仅仅能用来证明易处理的算法，而且也可以用来证明那些难的算法：

> 如果问题 X 是 NP-难，而且我们能在多项式时间内将它归约
> 为问题 Y，那么问题 Y 也是 NP-难的。

为什么这个陈述成立呢？让我们假定问题 X 是 NP-难的，并且存在一个多项式-时间归约算法将 X 的输入转化为 Y 的输入。因为 X 是 NP-难的，这里存在一个方式可以将任何一个 NP 问题，假定为 Z，转化为 X，以至于如果 X 有一个多项式-时间算法，那么 Z 也会有一个多项式-时间算法。现在你知道那个转化是如何发生的了，也就是通过一个多项式-时间归约：

因为我们能使用多项式-时间归约将关于 X 的输入转化为关于 Y 的输入，我们能像之前做的那样展开 X：

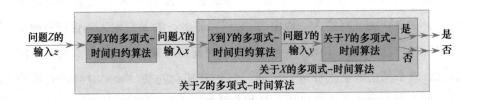

取代将 X 到 Y 的多项式-时间归约和关于 Y 的算法组合在一起，让我们将从 Z 到 X 的多项式-时间归约和从 X 到 Y 的多项式-时间归约组合在一起：

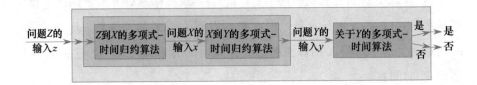

现在知道如果在从 Z 到 X 的多项式-时间归约之后紧跟着从 X 到 Y 的多项

式-时间归约，那么我们就会得到一个从 Z 到 Y 的多项式-时间归约：

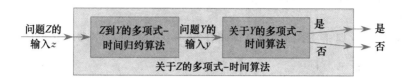

仅仅要确保这两个紧挨着的多项式-时间归约组合在一起为一个单独的多项式-时间归约，我们将使用类似于之前的分析。假定关于问题 Z 的输入 z 的规模为 n，从问题 Z 到 X 的归约会花费 $O(n^c)$ 时间，并且从 X 到 Y 的归约，对于规模为 m 的输入，会花费 $O(m^d)$ 时间，其中 c 和 d 均是常量。从 Z 到 X 的归约的输出不可能比生成输出所耗费的时间长，因此这一输出，同时也是从 X 到 Y 上的归约的输入 x，具有规模 $O(n^c)$。现在我们知道了从 X 到 Y 上的归约的输入规模 m 满足 $m = O(n^c)$，因此从 X 到 Y 上的归约所花费的时间为 $O((n^c)^d)$，即为 $O(n^{cd})$。由于 c 和 d 均是常量，第二次归约所花费的时间也是关于 n 的多项式。

此外，在最后一个阶段所耗费的时间，对于 Y 的多项式-时间算法，也是关于 n 的多项式时间。假定算法 Y 上规模为 p 的输入会花费 $O(p^b)$ 时间，其中 b 是一个常量。像之前一样，一个归约的输出不可能超过生成该输出的时间，因此 $p = O(n^{cd})$，这意味着算法 Y 会花费 $O((n^{cd})^b)$ 时间，即 $O(n^{bcd})$ 时间。由于 b、c、d 均是常数，因此算法 Y 会花费关于原始输入规模 n 的多项式时间。累加起来，算法 Z 总共耗费的时间为 $O(n^c + n^{cd} + n^{bcd})$，这是关于 n 的多项式时间。

|187|

我们从上文中能得出什么结论？我们已经证明出如果问题 X 是 NP-难的，并且存在一个多项式-时间归约算法能将问题 X 中的输入 x 转化为问题 Y 的输入 y，那么，Y 也是 NP-难的。因为 X 是 NP-难的意味着任意一个 NP 问题均能在多项式时间归约为该问题，我们可以选择任意一个能在多项式时间归约为问题 X 的 NP 问题，来证明问题 Z 也能在多项式时间归约为问题 Y。

我们的最终目标是证明问题是 NP-完全的。因此现在要证明问题 Y 是 NP-完全的，我们需要做的是：

- 证明它属于 NP，即通过证明存在一个方法可以在多项式时间内验证 Y 的证书，且

- 找出一个已知是 NP-难的问题 X，并且找出一个可以将 X 归约为 Y 的多项式-时间的归约。

还存在一个至今我一直忽略的更小的细节：主问题。我们需要从某个 NP-完全问题 **M 主问题**）开始，其中每个 NP 问题均可以在多项式时间内归约到该问题。随后我们能将主问题在多项式时间内归约为一些其他的问题来证明其他问题是 NP-难的，将新证明出的 NP-难问题归约到另外的一些问题从而证明后者是 NP-难的，等等。同时牢记在心，一个问题能归约到的其他问题的个数并没有任何限制，因此关于 NP-完全的族谱树以主问题为根，随后产生各种分枝。

10.4　主问题

不同的书上列出了不同的主问题。那挺好，因为一旦你将主问题归约到其他的某个问题，那么那个问题也可以作为主问题。一个常见的主问题是布尔可满足式。我将对该问题做简要描述，但是我不再证明 NP 中的每个问题均能够在多项式时间内归约到该问题。证明过程非常复杂——并且我敢说——非常冗长乏味。

首先，"布尔"是表示变量仅仅可以取 0 和 1（被称作布尔值）的逻辑数学术语，并且操作符会对一个或者两个布尔值进行操作从而生成一个新布尔值。我们已经在第 8 章看到了异或（XOR）。典型的布尔操作符是与（AND）、或（OR）、非（NOT）、蕴含（IMPLIES）、同或（IFF）。

- x AND y 等于 1 当且仅当 x 和 y 同时为 1；否则的话（或者其中一个为 0 或者两个均为 0），x AND y 等于 0。

- x OR y 等于 0 当且仅当 x 和 y 同时为 0；否则的话（或者其中一个为 1 或者两个均为 1），x OR y 等于 1。

- NOT x 是 x 的相反数：如果 x 是 1，那么 NOT x 就等于 0；如果 x 是 0，那么 NOT x 就等于 1。

- x IMPLIES y 是 0 当且仅当 x 为 1，且 y 是 0；否则（或者 x 为 0，或者 x 和 y 均为 1），x IMPLIES y 是 1。

- x IFF y 意味着"x 当且仅当 y"，结果等于 1 当且仅当 x 和 y 相等时（x 和 y 同时为 0 或者同时为 1）；如果 x 和 y 不等（其中一个为 0，另外一个为 1），那么 x IFF $y=0$。

两个操作对象之间存在着 16 种可能的布尔运算符，但是这里仅仅列举了最常见的运算符⊖。一个**布尔表达式**包含布尔变量、布尔运算符，以及将布尔变量和布尔运算符组合在一起的括号。

在**布尔表达式可满足问题**中，输入是一个布尔表达式，我们问是否存在某种分配方式可以将变量 0 和 1 分配给表达式的相应变量中以便它的结果等于 1。如果存在这样一种分配方案，那么我们称这个表达式是**可满足**的。例如，假定一个布尔表达式如下：

$$((w\ \text{IMPLIES}\ x)\text{OR NOT}(((\text{NOT}\ w)\text{IFF}\ y)\text{OR}\ z))\text{AND}(\text{NOT}\ x)$$

该表达式是可满足的：令 $w=0$，$x=0$，$y=1$，$z=1$。那么该表达式的等价式如下：

⊖ 这 16 种两个操作数的布尔操作符并不都有趣，例如一个操作符，无论操作数的值为几，其计算结果都为 0。

$$((0 \text{ IMPLIES } 0) \text{ OR NOT}(((\text{NOT } 0) \text{ IFF } 1) \text{ OR } 1)) \text{ AND}(\text{NOT } 0)$$
$$= (1 \text{ OR NOT}((1 \text{ IFF } 1) \text{ OR } 1)) \text{ AND } 1$$
$$= (1 \text{ OR NOT}(1 \text{ OR } 1)) \text{ AND } 1$$
$$= (1 \text{ OR } 0) \text{ AND } 1$$
$$= 1 \text{ AND } 1$$
$$\boxed{189} \qquad = 1$$

另一方面，下面是一个不可满足的简单表达式：

$$x \text{ AND}(\text{NOT } x)$$

如果 $x=0$，那么这个表达式等价于 0 AND 1，它等于 0；反之如果 $x=1$，那么这个表达式等价于 1 AND 0，它也等于 0。

10.5 NP -完全问题例析

将布尔表达式可满足性问题作为主问题，让我们看看能够通过使用多项式-时间归约证明出的 NP -完全问题。如下是我们要看到的关于归约的族谱树：

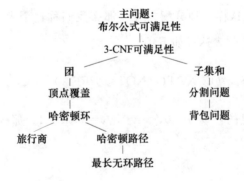

我不会对该族谱树上的所有归约一一进行证明，因为某些证明相当冗长和复杂。但是我们将看到一些很有趣的证明，因为这些证明显示了如何从一

个领域中的问题归约为另一个领域中的问题，例如将逻辑上的问题（3-CNF 可满足性问题）归约到图上（团问题）。

3 - CNF 可满足性

因为布尔表达式包含 16 个关于二个操作数的布尔运算符，且能采用多种方式加括号，因此直接从布尔表达式可满足性问题——主问题归约为其他问题是很难的。因此，我们将定义一个相关的问题，即也是关于可满足性的布尔表达式，但该问题对问题输入的表达式的结构有一些限制。从结构受限的布尔表达式问题开始归约要更容易些。该问题中的表达式是关于**子句**（clauses）的与表达式，其中每个子句均是一个包含三项的或表达式，且每项被称作一个**文字**（literal）：或者是一个变量或者是一个变量的非（例如 NOT x）。满足这种形式的布尔表达式之一是一种 **3-合取范式**（3-Conjunctive Normal Form），或者称为 **3-CNF**。例如，某个布尔表达式如下：

$$(w \text{ OR}(\text{NOT } w)\text{OR}(\text{NOT } x))\text{AND}(y \text{ OR } x \text{ OR } z)$$
$$\text{AND}((\text{NOT } w)\text{OR}(\text{NOT } y)\text{OR}(\text{NOT } z))$$

这是一个 3-CNF。它的第一个子句是 $(w \text{ OR}(\text{NOT } w)\text{OR}(\text{NOT } x))$。

确定 3-CNF 中的一个布尔表达式是否存在一个对各个变量进行相应赋值使得 3-CNF 可满足——**3-CNF 可满足性问题**（3-CNF satisfiability problem）——是 NP -完全的。证书是对各个变量分配为 0 和 1 的一个拟定分配方案。检查一个证书很容易：只要对各个变量赋予拟定的值，并验证该表达式是否等于 1。为了证明 3-CNF 可满足性问题是 NP-难的，我们将（无限制的）布尔表达式可满足性问题归约到该问题。再次，我不会深入地讲解（并非非常有趣的）细节。当我们将一个领域的问题归约到另一个不同领域的问题时，才会变得更加有趣，这才是我们接下来要讲述的。

190

如下是关于 3-CNF 可满足性问题的令人懊恼的部分：尽管它是 NP -完全的，可是判定一个 2-CNF 表达式是否是可满足的问题却存在一个多项式-时间算法。2-CNF 表达式类似于 3-CNF 表达式，只是 2-CNF 表达式的每个子句中只包含两个文字，而不是三个。一个如此小的改变竟使得 NP 中最难的问题变得容易！

团

现在我们将看到一个跨越不同领域的有趣的归约：从 3-CNF 可满足性问题归约到与无向图相关的问题。无向图 G 中的一个**团**（clique）是指所有顶点的一个子集 S，该子集的每对顶点间均存在一条边。**团的大小**（size of a clique）是它所包含的顶点的个数。

正如你可能想到的，团在社交网络理论中具有重要作用。将每个个体看作是一个顶点，且个体之间的关系可看作是无向边，一个团代表满足所有个体之间彼此有联系的一组个体。团在生物信息学、工程学和化学领域也存在着相关应用。

团问题（clique problem）有两个输入，一个是图 G，一个是正整数 k，并问图 G 中是否存在 k 团：一个大小为 k 的团。例如，下面的图上包含一个大小为 4 的团，团上的顶点以加深的蓝阴影色表示，且不存在另外的大小为 4 的团或者比 4 大的团。

191

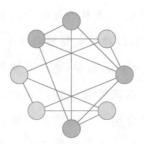

验证一个证书很简单。证书是声称构成一个团的 k 个顶点，我们仅仅需要检查 k 顶点中的每个顶点是否与其他的 $k-1$ 个顶点均存在边相连。这个检查操作很容易在关于图的大小的多项式时间内完成。现在我们知道了团问题是 NP 问题。

如何能将一个满足布尔表达式的问题归约到一个图问题呢？我们以一个满足3-CNF 的布尔表达式开始着手。假定该表达式为 C_1 AND C_2 AND C_3 AND $\cdots$ AND C_k，其中每个 C_r 是 k 个子句之一。以这一表达式为例，我们能在多项式时间内构建一个图，且该图将包含 k-团当且仅当 3-CNF 表达式是可满足的。我们需要看到三件事：构建，关于构建所花费的时间为关于 3-CNF 表达式的规模的多项式时间的一个证明，和该图包含一个 k-团当且仅当能采用某种方式来对 3-CNF 表达式的变量分配相应的值使得该表达式为 1 的证明。

为了从一个 3-CNF 表达式构建一个图，让我们集中研究下第 r 个子句，即 C_r。它包含三个文字；让我们将它们称为 l_1^r、l_2^r 和 l_3^r，因此 C_r 为 l_1^r OR l_2^r OR l_3^r。每个文字或者是一个变量或者是一个变量的非。我们对每个文字创建一个顶点，因此对于子句 C_r，我们会创建一个包含三个顶点的组合：v_1^r、v_2^r 和 v_3^r。如果满足如下两个条件，我们会在 v_i^r 和 v_j^s 这两个顶点之间添加一条边：

- v_i^r 和 v_j^s 属于不同的三顶点组合；也就是说，r 和 s 代表不同的子句编号，且

- 它们相对应的文字互相之间不是非的关系。

例如，下图对应如下的 3-CNF 表达式：

$$(x \text{ OR} (\text{NOT } y) \text{ OR} (\text{NOT } z)) \text{ AND} ((\text{NOT } x) \text{ OR } y \text{ OR } z)$$
$$\text{AND} (x \text{ OR } y \text{ OR } z)$$

192

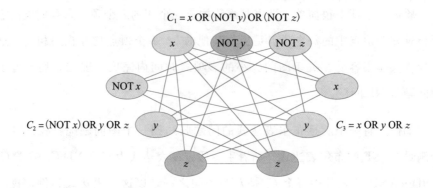

很容易看出这个归约能在多项式时间内执行完成。如果 3-CNF 公式有 k 个子句，那么它就会有 $3k$ 个文字，该图中就会包含 $3k$ 个顶点。每个顶点至多与其他的 $3k-1$ 个顶点均存在一条边，因此边的数目最多为 $3k(3k-1)$，即 $9k^2-3k$。构建出的图的规模是关于 3-CNF 输入的多项式，并且很容易判定图中存在哪些边。

最后，我们需要证明构建的图中包含一个 k-团当且仅当 3-CNF 公式是可满足的。首先假定该表达式是可满足的，我们将证明图中包含一个 k-团。如果存在一个可满足的分配方案，每个子句 C_r 中至少包含一个 l_i^r 等于 1 的文字，并且每个文字对应着图中的一个顶点 v_i^r。如果将 k 个子句中每个这样的文字选出来，我们就会相应地得到一个包含 k 个顶点的集合 S。我称该集合 S 为一个 k-团。考虑 S 中的任意两个顶点。它们对应着可满足分配方案中的不同子句中等于 1 的相应文字。这些文字彼此不可能互反，因为如果它们存在非的关系，那么必定其中一个等于 1 而另外一个会等于 0。由于这些文字之间均不是非的关系，当创建图时，我们能在两个顶点间创建一条边。因为在 S 中任意挑选两个顶点作为一对，我们会得出 S 中的所有顶点对之间均存在边。因此，S，一个包含 k 个顶点的集合，是一个 k-团。

现在我们必须反向证明：如果图中包含一个 k-团 S，那么 3-CNF 公式是可满足的。图中属于同一组合的点之间不存在互连的边，因此 S 对每个三顶点组合恰好会仅仅包含一个顶点。对于 S 中的每个顶点 v_i^r，将它在3-CNF公式

中所对应的文字 l_i' 赋值为 1。我们不用担心会将一个文字和它的非均分配为 1,因为 k-团中不可能包含一个文字和它的非所对应的顶点。由于每个子句均有一个等于 1 的文字,因此每个子句均是可满足的,因此整个 3-CNF 公式也是可满足的。对于任意不对应团中任何顶点的变量,我们可对这些变量赋予任意值;它们对该公式的可满足性不会产生任何影响。

193

在上述例子中,一个可满足的分配方案是 $y = 0$,$z = 1$;x 取什么值无所谓。对应的 3-团包括颜色较重的顶点,即 C_1 子句中的 NOT y,C_2 和 C_3 子句中的 z。

因此,我们已经证明了,存在一个从 3-CNF 可满足性的 NP-完全问题到寻找 k-团的多项式-时间的归约。如果给定一个包含 k 个子句的 3-CNF 布尔公式,且必须对该公式找出一个可满足分配方案,你可以使用刚刚看到的将一个公式在多项式时间内转化为一个无向图的构建过程,并确定图中是否包含一个 k-团。如果能够在多项式时间内确定图中是否包含一个 k-团,那么你也能够在多项式时间内确定 3-CNF 公式是否包含一个可满足分配方案。由于 3-CNF 可满足性问题为 NP-完全问题,因此判定一个图中是否包含一个 k-团也是一个 NP-完全问题。作为奖励,如果你不仅能够确定出一个图中是否包含一个 k-团,且能够得出这个 k-团是由哪些顶点组成的,那么你就能够使用这些信息找到一个满足 3-CNF 公式的可满足分配方案中的相应变量值。

顶点覆盖

无向图 G 的一个**顶点覆盖**表示图中所有顶点的一个子集 S,其中满足图 G 中的每条边都至少有一个端点在该子集 S 中。我们称 S 中的每个顶点"覆盖"它所关联的边。**顶点覆盖的规模**是顶点覆盖所包含的顶点的数目。类似团问题,**顶点-覆盖**问题以一个无向图 G 和一个正整数 m 作为输入。顶点-覆盖问题等价于问 G 中是否包含一个规模为 m 的顶点覆盖。类似团问题,顶点-覆盖问题在生物学中也有所应用。还存在另外一个应用,你有一个包含走廊的建筑和一个位于建筑走廊交叉点处的能扫描 360 度的照相机，你想要知道使用 m 个照相机是否能够让你扫描到整个走廊。这里，边相当于走廊，顶点相当于交叉点。另一个应用中，寻找顶点覆盖对设计出计算机网络中阻止蠕虫攻击的策略有所帮助。

194

显然，顶点-覆盖问题的证书是一个提出的顶点覆盖方案。很容易在关于图的规模的多项式时间内验证出所提出的顶点覆盖方案的规模为 m，且预先提出的顶点覆盖方案确实能够覆盖所有的边，因此我们可以看出该问题属于 NP 问题。

由关于 NP-完全问题的族谱树得出，我们能将团问题归约到顶点-覆盖问题。假定团问题的输入是一个包含 n 个顶点的图 G 和一个正整数 k。在多项式时间内，我们能产生一个输入为图 $\overline{G}$ 的顶点-覆盖问题，且 G 有一个规模为 k 的团当且仅当 $\overline{G}$ 上存在一个规模为 $n-k$ 的顶点覆盖。这一归约相当简单。图 $\overline{G}$ 与图 G 的顶点个数相同，并且它具有与图 G 完全互补的边。换句话说，边 (u, v) 在图 $\overline{G}$ 中当且仅当边 (u, v) 不在图 G 中。你可能已经猜到，$\overline{G}$ 中的规模为 $n-k$ 的顶点覆盖包含那些不在图 G 的 k 团中的顶点——你确实猜对了！如下是关于图 G 与图 $\overline{G}$ 的一个例子，图 G 与图 $\overline{G}$ 均包含 8 个顶点。组成图 G 中团的 5 个顶点和剩下的组成图 $\overline{G}$ 的顶点覆盖的 3 个顶点以深蓝色表示：

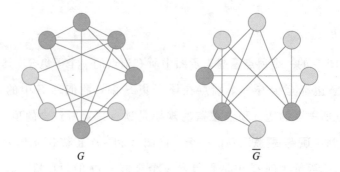

G　　　　　　　　$\overline{G}$

注意，图 $\overline{G}$ 中的每条边都至少与一个深蓝色的顶点相连接。

我们需要证明 G 中包含一个 k-团，当且仅当 $\overline{G}$ 中具有一个规模为 $n-k$ 的顶点覆盖。首先假定 G 中包含一个 k-团 C。令 S 表示包含不在团 C 中的剩下的 $n-k$ 个顶点。我宣称 $\overline{G}$ 中的每条边都至少与 S 中的一个顶点相连接。令 (u,v) 表示 $\overline{G}$ 中的任意一条边。之所以是 $\overline{G}$ 中的边是因为它不在 G 中。因为 (u,v) 不在 G 中，那么 u、v 中至少有一个顶点不在 G 的团 C 中，因为团 C 中的每对顶点之间均有一条边相连。由于 u 和 v 中至少有一个顶点不在 C 中，则 u 和 v 中至少有一个顶点在 S 中，这意味着边 (u,v) 至少与 S 中的一个顶点相关联。由于我们选取 (u,v) 为 $\overline{G}$ 中的任意一条边，可以看出 S 是图 $\overline{G}$ 的一个顶点覆盖。

195

现在我们反向证明。假定 $\overline{G}$ 中存在一个包含 $n-k$ 个顶点的顶点覆盖 S，令 C 表示包含那些不在 S 中的 k 个顶点。$\overline{G}$ 中的每条边都与 S 中的某个顶点相连。换句话说，如果 (u,v) 是 $\overline{G}$ 中的一条边，那么 u 和 v 中至少有一个顶点在 S 中。回忆一下关于逆否命题的定义，你能看到该命题的逆否命题是，如果 u 和 v 都不在 S 中，那么 (u,v) 就不在 $\overline{G}$ 中——因此，(u,v) 在 G 中。换句话说，如果 u 和 v 都在 C 中，那么边 (u,v) 就在图 G 中。由于 u 和 v 是 C 中的任意一对顶点，我们得出图 G 的 C 中的所有顶点对之间均存在一条边。也就是说，C 是一个 k-团。

因此，我们证明出：从判定一个无向图中是否包含一个 k-团的 NP-完全问题归约到判定一个无向图中是否包含一个规模为 $n-k$ 的顶点覆盖问题有一个多项式-时间的归约。如果给定一个无向图 G，并且想要知道该图中是否包含一个 k-团，你能够使用我们刚刚看到的在多项式时间内将它转化为 $\overline{G}$ 的构建过程，并且判定 $\overline{G}$ 中是否包含一个包括 $n-k$ 个顶点的顶点覆盖。如果能够在多项式时间内判定出 $\overline{G}$ 中是否包含一个包括 $n-k$ 个顶点的顶点覆盖，那么你将能够在多项式时间内判定出 G 中是否包括一个 k-团。由于团问题是 NP-完全问题，因此顶点-覆盖问题也是 NP-完全问题。作为回报，如果你不仅能够判定出 $\overline{G}$ 中包含一个包括 $n-k$ 个顶点的顶点覆盖，且你还知道组成该顶点覆盖的所有顶点，那么你就可以使用这个信息来确定组成 k-团的顶点。

哈密顿环和哈密顿路径

我们已经看到了哈密顿环问题：一个连通的无向图是否包含一个哈密顿环（一条起始和终止顶点相同，并且会对所有其他顶点仅仅访问一次的路径）？关于这一问题的应用有点晦涩难懂，但是根据前面介绍的 NP -完全族谱树，可以看到，我们能使用哈密顿环问题来证明旅行商问题是 NP -完全问题，且我们将看到在实践中旅行商问题是如何被提出的。

一个密切相关的问题是**哈密顿-路径问题**，即图中是否包含一条对每个顶点精确地访问一次的路径，但是它并不要求路径必须是封闭的。这个问题也是 NP -完全的，我们将利用该问题证明出最长-无环-路径问题也是 NP -完全的。

对于这两个哈密顿问题，相应的证书很明显：哈密顿环或哈密顿路径
196 上顶点出现的顺序。（对于一个哈密顿环，不用在最后再次重复第一个顶点。）给定一个证书，我们仅仅需要检查序列中的每个顶点是否出现且只出现一次，以及图中是否包含连接序列中每个相邻顶点对的边。对于哈密顿环问题，我们还必须检查第一个顶点和最后一个顶点之间是否存在一条边。

我不再对从顶点覆盖问题到哈密顿环问题的多项式-时间归约进行详尽描述，通过这一归约，能够证明出哈密顿环问题是 NP -难的。这个证明相当复杂且会依赖于**附件图**（widget），附件图是附加了一些特性的部分图。该归约中所用到的附件图具有如下特性：由该归约所构建出的图的任意哈密顿环能够采用仅有的三种方式之一来遍历附件图。

为了将哈密顿环问题归约到哈密顿路径问题，我们首先构建一个包含 n 个顶点的无向连通图 G，根据该图，我们将构建一个包含 $n+3$ 个顶点的新的无向连通图 G'。我们令 G 中的某个顶点为 u，且令它的邻接顶点为 v_1，v_2，$\cdots$，v_k。为了构建出 G'，我们添加三个新顶点，x、y 和 z，并且我们

添加由 y 和所有与 u 相邻接的顶点所组成的边 (v_1, y)，(v_2, y)，…，(v_k, y)，其中一个例子如下所示：

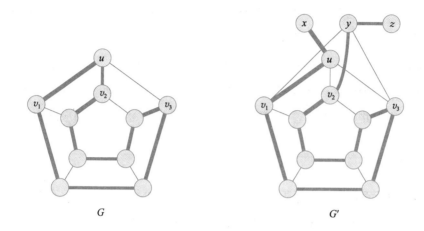

G G'

深蓝色的边表示 G 中的哈密顿环和 G' 中对应的哈密顿路径。由于 G' 仅仅比 G 多三个顶点，且 G' 至多比 G 多 $n+1$ 条额外的边，因此这一归约会花费多项式时间。

像往常一样，我们需要证明该归约过程：G 中包含一个哈密顿环当且仅当 G' 中存在一条哈密顿路径。假定 G 中包含一个哈密顿环。它必定包含一条边 (u, v_i)（v_i 是某个与 u 相邻接的顶点），因此，该顶点 v_i 在 G' 中也与 y 相邻接。为了在 G' 中构建一条哈密顿路径，从 x 出发一直到 z，遍历了除去 (u, v_i) 的哈密顿环上的其他所有边，并且添加了边 (u, x)、(v_i, y) 和 (y, z)。上述例子中，v_i 代表顶点 v_2，因此哈密顿路径省去了 (v_2, u)，且增加了边 (u, x)、(v_2, y) 和 (y, z)。

现在假定 G' 中存在一条哈密顿路径。因为顶点 x 和顶点 z 均只有一条关联边，因此哈密顿路径一定是从 x 遍历到 z，并且它必定包含某个边 (v_i, y)（v_i 表示某个与 y 相邻接的顶点），因此，该顶点 v_i 也必定与 u 相邻接。为了在 G 中寻找一个哈密顿环，移除 x、y 和 z 及与它们相关联的所有边，使用 G' 的哈密顿路径中的所有边，再加上边 (v_i, u)，这些边和顶

197

点整体可以组合成一个哈密顿环。

同样这里也可以推出类似前面的归约所得出的结论。从判定一个无向连通图中是否包含一个哈密顿环的 NP -完全问题到判定一个无向连通图中是否包含一条哈密顿路径存在一个多项式-时间的归约。由于判定一个无向连通图中是否存在一个哈密顿环的问题是 NP -完全的，因此判定一个无向连通图中是否包含一条哈密顿路径的问题也是 NP -完全的。而且，如果知道了哈密顿路径中的边，我们也就能相应地推出哈密顿环中相应的边。

旅行商

在**旅行商问题**的决策版本中，我们被给定一个每条边上均带有非负整数权重的完全图和一个非负整数 k。**完全图**表示每一对顶点上均存在一条边，因此如果一个完全图具有 n 个顶点，那么它就具有 $n(n-1)/2$ 条边。我们问该图中是否存在一个包含所有顶点的总权重和至多为 k 的一个环。

很容易证明该问题为 NP 问题。旅行商问题的证书由该环上按序排列的所有顶点组成。我们很容易在多项式时间内检查该环上的边是否遍历了所有顶点以及总权重和是否为 k 或小于 k。

为了证明旅行商问题是 NP -难的，我们将哈密顿环问题归约到旅行商问题，这又是一个简单的归约。给定一个图 G 作为哈密顿环问题的输入，我们构建一个与 G 具有相同顶点的完全图 G'。如果 (u, v) 是 G 的一条边，那么令 G' 中边 (u, v) 的权重为 0，如果 G 中不存在边 (u, v)，那么令 G' 中的边 (u, v) 的权重为 1。将 k 设为 0。由于它至多会添加 $n(n-1)$ 条边，因此该归约会花费关于 G 的规模的多项式时间。

为了证明如何执行归约，我们需要证明 G 中存在一个哈密顿环当且仅当 G' 中有一个能够包含所有顶点的权重和为 0 的环。这个证明仍然非常简单。假定 G 有一个哈密顿环。那么环上的每条边必定都在 G 上，因此这些边中的每条边在 G' 上的权重均为 0。因此，G' 具有一个包含所有顶点的环，

198

并且这个环的权重和为 0。反之，现假定 G' 具有一个包含所有顶点的权重和为 0 的环，那么该环上的每个边必定也都在 G 中，因此 G 中具有一个哈密顿环。

我不用再重复那些耳熟能详的结论了，对吧？

最长无环路径

在**最长无环路径问题**的决策版本中，我们被给定一个无向图 G 和一个整数 k，我们问 G 中是否存在一条至少包含 k 条边的无环路径。

再次，关于最长-无环-路径问题的证书能很容易得到验证。证书中包含拟定的路径中按照顺序出现的顶点。我们能在多项式时间内检查该序列至少包含 $k+1$ 个无重复的顶点（$k+1$ 是因为一个包含 k 条边的路径中会包含 $k+1$ 个顶点），且序列中的每一对相继顶点间均存在一条边。

再次，我们能用一个简单的归约证明最长-无环-路径问题是 NP-难的。可以从哈密顿路径问题上进行归约。给定一个具有 n 个顶点的图 G 作为哈密顿路径问题的输入，且最长-无环-路径问题的输入也是图 G，再加上整数 k（其中，$k=n-1$）。如果这还称不上是一个多项式-时间归约，那么我就不清楚什么才是多项式-时间归约了。

通过证明出 G 中包含一条哈密顿路径当且仅当存在一个至少包含 $n-1$ 条边的无环路径，我们证明了该归约能够成立。而且哈密顿路径是一个包含 $n-1$ 条边的无环路径。因此我们完成整个的证明过程！

子集和

在**子集和问题**中，输入为一个没有特定顺序的关于正整数的有限集 S，和一个目标数字 t，其中 t 也是一个正整数。我们问是否存在 S 的一个子集 S'，S' 中的元素和恰好等于 t。例如，如果 S 是集合 $\{1, 2, 7, 14, 49, 98, 343, 686, 2409, 2793, 16\ 808, 17\ 206, 117\ 705, 117\ 993\}$，$t =$

138 457，那么子集 $S' = \{1, 2, 7, 98, 343, 686, 2409, 17\,206, 117\,705\}$ 就是一个解。证书必然是 S 的一个子集，我们能通过将该子集中的所有数字累加起来并检查它们的和是否等于 t 来验证该证书。

199

从 NP -完全族谱树上得出，我们能将 3-CNF 可满足性问题归约到子集-和问题，从而证明子集-和问题是 NP -难的。这又是一个跨领域的归约，即将一个逻辑方面的问题归约到一个算术方面的问题。你不仅会看到这个归约非常巧妙，而且，从根本上说，它又相当地直截了当。

我们从包含 n 个变量和 k 个子句的 3-CNF 布尔公式 F 开始着手。将这些变量标记为 v_1，v_2，v_3，$\cdots$，v_n，并将子句标记为 C_1，C_2，C_3，$\cdots$，C_k。每个子句恰好包含三个文字（注意每个文字或者为 v_i 或者为 NOT v_i），这三个文字之间以或相连接，且整个公式 F 形为 C_1 AND C_2 AND C_3 AND$\cdots$ AND C_k。换言之，对每个变量赋值为 0 或 1，如果其中一个文字等于 1，那么该子句就可满足（因为该子句等于 1）；如果每个子句都是可满足时，那么整个公式 F 也是可满足的。

在为子集和问题构建集合 S 前，让我们首先从 3-CNF 公式 F 构建出目标数字 t。我们将它表示成一个 $n+k$ 位的十进制整数。t 的最低的 k 位有效字（最右侧的 k 位）对应着 F 的 k 个子句，并且这几个位中的每位均是一个 4。t 的最高的 n 位有效字对应着 F 的 n 个变量，并且这些位的每位均是一个 1。如果公式 F 中有三个变量和四个子句，那么 t 就等于 1114444。正如我们将看到的，如果存在 S 的一个子集，其累加和为 t，那么 t 的对应着变量的那些位（那些为 1 的位）将确保我们对 F 中的每个变量均分配一个值，并且 t 中对应着子句的那些位（那些为 4 的那些位）将确保 F 中的每个子句均是可满足的。

集合 S 将包含 $2n+2k$ 个整数。它对于 3-CNF 公式 F 的 n 个变量中的每个变量 v_i 均包含两个整数 x_i 和 x'_i，对于 F 的 k 个子句中的每个子句 C_j 均包含两个整数 q_j 和 q'_j。我们逐位地按照十进制方式构建出 S 中的每个整数。

让我们看一个包含 $n=3$ 个变量和 $k=4$ 个子句的例子,其 3-CNF 公式是 $F= C_1$ AND C_2 AND C_3 AND C_4,且每个子句对应的布尔式如下所示:

$$C_1 = v_1 \text{ OR}(\text{NOT } v_2)\text{OR}(\text{NOT } v_3)$$
$$C_2 = (\text{NOT } v_1)\text{OR}(\text{NOT } v_2)\text{OR}(\text{NOT } v_3)$$
$$C_3 = (\text{NOT } v_1)\text{OR}(\text{NOT } v_2)\text{OR } v_3$$
$$C_4 = v_1 \text{ OR } v_2 \text{ OR } v_3$$

下面是相应的集合 S 和目标 t:

		v_1	v_2	v_3	C_1	C_2	C_3	C_4
x_1	=	1	0	0	1	0	0	1
x_1'	=	1	0	0	0	1	1	0
x_2	=	0	1	0	0	0	0	1
x_2'	=	0	1	0	1	1	1	0
x_3	=	0	0	1	0	0	1	1
x_3'	=	0	0	1	1	1	0	0
q_1	=	0	0	0	1	0	0	0
q_1'	=	0	0	0	2	0	0	0
q_2	=	0	0	0	0	1	0	0
q_2'	=	0	0	0	0	2	0	0
q_3	=	0	0	0	0	0	1	0
q_3'	=	0	0	0	0	0	2	0
q_4	=	0	0	0	0	0	0	1
q_4'	=	0	0	0	0	0	0	2
t	=	1	1	1	4	4	4	4

200

注意,S 中蓝色阴影的元素为——1000110,101110,10011,1000,2000,200,10,1,2——总和为 1114444。一会我们将看到这些元素在 3-CNF 公式 F 中分别对应着什么。

我们逐位构建 S 中的整数,在上述表格中每一列总和要么为 2(最左侧的 n 列),要么为 6(最右侧的 k 列)。注意,当对 S 中的元素进行累加求和时,不可能调整各个位的位置,因此我们能对数字进行逐位操作。

表中的每行均表示 S 中的一个元素。前 $2n$ 行对应着 3-CNF 公式中的 n

个变量，后 $2k$ 行是"松弛的"（slack），我们随后会讲解设置"松弛的"行的目的。元素为 x_i 和 x_i' 的行分别对应着 F 中文字 v_i 和 NOT v_i 的出现情况。我们说这些行"是"文字行，即指它们对应着文字。我们的目标是从前 $2n$ 行中精确地选出 n 行使得子集 S' 中恰好包含这 n 行——的确，仅仅会包含 x_i、x_i' 对中的一个——这将会对应着 3-CNF 公式 F 中的一个可满足的分配方案。因为从这些文字行中所选出的 n 行对于最左侧的 n 列中的每一列累加和均需等于 1，我们能够保证，对于 3-CNF 公式中的每一个变量 v_i，我们仅仅会将 x_i 和 x_i' 中的一行包含在 S' 中，而不是将两个均包含在 S' 中。最右侧的 k 列保证了 S' 中所包含的行是那些可满足 3-CNF 公式的每个子句的所对应的文字行。

201

让我们暂且关注下最左侧的 n 列，即变量 v_1，v_2，$\cdots$，v_n。对于一个给定变量 v_i，v_i 相对应的 x_i 和 x_i' 均为 1，其他变量所对应的 x_i 和 x_i' 位置处均为 0。例如，x_2 和 x_2' 的最左侧的三位是 010。最后的 $2k$ 行的最左侧的 n 列为 0。因为目标 t 在每个变量位置处均为 1，因此为了对和做出贡献，x_i 和 x_i' 之中必有一个在子集 S' 中。如果 x_i 在 S' 中，那么就令 v_i 为 1；如果 x_i' 在 S' 中，那么就令 v_i 为 0。

现在让我们将注意力转移到最右侧的 k 列上，这 k 列对应着子句部分。这些列确保每个子句均是可满足的，正如我们接下来所看到的。如果文字 v_i 出现在子句 C_j 中，那么 x_i 在子句 C_j 的那一列为 1；如果文字 NOT v_i 出现在子句 C_j 中，那么 x_i' 在子句 C_j 的那一列为 1。因为一个 3-CNF 公式的每个子句恰好包含三个不同的文字，那么每个子句的列必定会包含三个值为 1 的 x_i 和 x_i' 的行。对于一个给定子句 C_j，包含在 S' 中的前 $2n$ 行对应着 C_j 中的满足 0、1、2 或者 3 的文字，因此这些行对 C_j 列的和的贡献为 0、1、2 或者 3。

但是对于每个子句，其目标数字是 4，那就是要加入"松弛的"元素 q_j 和 q_j' 的原因（$j=1$，2，3，$\cdots$，k）。它们确保了对于每个子句，子集 S' 包含子句中的某些文字（那个子句对应的列中 x_i 或者 x_i' 为 1）。q_j 所对应的

行在子句 C_j 那一列的值为 1，其他列均为 0，并且 q'_j 所对应的行在 C_j 那一列的值为 2，其他列均为 0。当且仅当子集 S' 至少包含 C_j 的一个文字时，我们能将这些行的值累加起来使得目标值是 4。选择这些松弛行中的哪些行加入依赖于子句 C_j 中有多少文字被加入 S' 中。如果 S' 中仅仅包含一个文字，那么需要加入所有松弛行，因为来自文字行的列总和为 1，再加上 q_j 中的 1，再加上 q'_j 中的 2，才会使得列总和为 4。如果 S' 中包含两个文字，那么仅仅需要加入 q'_j，因为来自文字行的列总和为 2，再加上 q'_j 中的 2，才会使得列总和为 4。如果 S' 中包含三个文字，那么仅仅需要加入 q_j，因为来自文字行的列的总和为 3，再加上 q_j 中的 1，才会使得列总和为 4。但是，如果 S' 中不包含子句 C_j 中的任何文字，那么 $q_j + q'_j = 3$ 是无法得出列总和为目标数字 4 的。因此，当且仅当子句中的某个或某些文字包含在子集 S' 中时，我们才能使得列总和等于目标数字 4。

既然已经看懂了该归约过程，我们就能得出它会花费多项式时间。我们正创建 $2n + 2k + 1$ 个整数（包含目标 t），其中每个包含 $n + k$ 位。你能从 ｜202｜ 创建出的整数图表中看出，图表中的任意两行数字均不同，因此 S 确实是一个集合。（集合的定义中不允许出现重复的元素。）

为了证明归约的工作过程，我们需要证明 3-CNF 公式 F 具有一个可满足分配方案当且仅当 S 的一个子集 S' 的累加和恰好等于 t。此时，你已经明白了大概想法，但是让我们扼要重述下。首先，假定 F 存在一个可满足分配方案。如果这个方案中将 v_i 设置为 1，那么我们就将 x_i 包含在集合 S' 中；否则，如果这个方案中将 v_i 设置为 0，那么我们就将 x'_i 包含在集合 S' 中。因为必定会将 x_i 和 x'_i 之一包含在集合 S' 中，v_i 的这一列和必定为 1，这与 t 上相应的位的值保持了一致。因为分配方案会使每个子句 C_j 得以满足，因此 x_i 和 x'_i 行对 C_j 列的和的贡献必定为 1、2 或者 3（C_j 等于 1 的对应的文字行的数目）。再加上必要的松弛行 q_j 或 q'_j 于 S' 中，因此能使得累加和等于目标数字 4。

反之，假定 S 中包含一个累加和等于 t 的子集 S'。为了使 t 的最左侧的

n 个位置的值等于 1，对于每个变量 v_i，S' 必定恰好包含 x_i 和 x'_i 中的一个。如果它包含 x_i，那么就将 v_i 设置为 1；如果它包含 x'_i，那么就将 v_i 设置为 0。因为对于子句 C_j，松弛行 q_j 和 q'_j 加在一起也不可能达到目标数字 4，子集 S' 必须至少包含一个 C_j 列为 1 的行 x_i 或者行 x'_i。如果 S' 包含 x_i，那么文字 v_i 就会出现在子句 C_j 中，且该子句是可满足的。如果 S' 包含 x'_i，那么文字 NOT v_i 会出现在子句 C_j 中，且该子句是可满足的。因此，如果每个子句都是可满足的，那么就会存在一个关于 3-CNF 公式 F 的可满足性分配方案。

如果能在多项式时间内解决子集-和问题，那么我们也可以在多项式时间内判定一个 3-CNF 公式是否是可满足的。由于 3-CNF 可满足性是 NP-完全的，因此子集-和问题也是 NP-完全的。而且，如果知道构建的集合 S 中哪几个整数和等于目标 t，那么我们就能得出如何对 3-CNF 公式的变量赋值使得该 3-CNF 公式等于 1。

关于我所使用的归约还有一点需要注意：数字并非必须是十进制位的。必须注意的是，对这些整数进行累加时不允许从一个位置转移到另一个位置。由于任何一列的和都不允许超过 6，将这些数字看作是 7 进制的或者比 7 进制大的数字均是合适的。本节前面的例子就对应着图表中的数字，且图表中的数字就是 7 进制的。

分割问题

分割问题（partition problem）与子集-和问题密切相关。实际上，它是子集-和问题的一个特例：如果 z 等于集合 S 中所有整数的和，那么目标 t 恰好等于 $z/2$。换句话说，分割问题的目标是确定是否存在一个对集合 S 的分割使得将集合 S 被分割为两个不相交的集合 S' 和 S''，即集合 S 中的每个整数要么在 S' 中，要么在 S'' 中，但不可能既在 S' 中，又在 S'' 中（这就是将集合 S 分割为 S' 和 S'' 的含义）并且在集合 S' 中的整数和等于在集合 S'' 中的整数和。与子集-和问题一样，分割问题的证书也是 S 的一个子集。

为了证明分割问题是 NP-难的，我们将子集-和问题归约到分割问题。（这没什么好吃惊的。）给定一个正整数集合 R 和一个正整数目标 t 作为子集-和问题的输入，在多项式时间内我们构建一个集合 S 作为分割问题的输入。首先，计算 z 为 R 中的所有整数和。假定 z 不等于 $2t$，因为如果 z 等于 $2t$，那么该问题就是一个分割问题。（如果 $z=2t$，那么 $t=z/2$，我们将尽力寻找 R 的一个子集，使得该子集和恰好等于那些不在该子集中的整数的和。）随后选择一个比 $t+z$ 和 $2z$ 都大的任意一个整数 y。将集合 S 定义为包含 R 中的所有整数和另外的两个额外整数：$y-t$ 和 $y-z+t$。因为 y 比 $t+z$ 和 $2z$ 都大，我们能推断出 $y-t$ 和 $y-z+t$ 均比 z 大（z 为 R 中所有整数之和），因此这两个整数都不可能在 R 中。（因为 S 是一个集合，因此它里面的所有元素都必须不同，同时我们也知道 z 不等于 $2t$，那么一定能得出 $y-t \neq y-z+t$，因此这两个整数也不相同。）注意 S 中所有整数的和等于 $z+(y-t)+(y-z+t)$，这恰好等于 $2y$。因此，如果 S 被分割为两个具有相同累加和的不相交的子集，那么每个子集的累加和必定均等于 y。

为了证明归约是如何进行的，我们需要证明 R 中存在一个子集 R'，其所有整数的累加和等于 t 当且仅当存在一个对 S 的分割 S' 和 S'' 且 S' 中的整数和与 S'' 中的整数和相等。首先，假定 R 中的某个子集 R' 的所有整数和等于 t。那么那些在 R 中的但不在 R' 中的整数和必定等于 $z-t$。将 S' 定义为包含 R' 中的所有整数以及 $y-t$（因此 S'' 中包含所有不在 R' 中的整数以及 $y-z+t$）。我们仅仅需要证明 S' 中的所有整数和为 y。这个证明相当简单：R' 中的所有整数和等于 t，再加上 $y-t$，我们就能得出总和为 y。

反之，假定存在一个对 S 的分割 S' 和 S''，这两个集合的和均为 y。假定在构成 S 时，我们向 R 中添加的两个整数（$y-t$ 和 $y-z+t$）不可能同时在 S' 中，也不可能同时在 S'' 中。为什么呢? 如果它们在同一个集合中，那么这个集合的和至少为 $(y-t)+(y-z+t)$，这等于 $2y-z$。但是已知 y 大于 z（事实上，y 比 $2z$ 还要大），因此 $2y-z$ 大于 y。因此，如果 $y-t$ 和 $y-z+t$ 在同一个集合中，那么集合中的元素和必定比 y 还要大。因此可以

204

得出 $y-t$ 和 $y-z+t$ 中的其中一个在 S' 中，而另一个在 S'' 中。$y-t$ 在 S' 和 S'' 这两个集合中的哪个都没有关系，现我们假定 $y-t$ 在集合 S' 中。我们知道 S' 中的整数和等于 y，它意味着 S' 中除去 $y-t$ 之外的剩余整数和为 $y-(y-t)$，即 t。由于 $y-z+t$ 不可能同时也在 S' 中，我们知道 S' 中剩下的其他元素均来自 R。因此，R 中存在一个整数和为 t 的子集。

背包问题

在**背包问题**（knapsack problem）中，我们被给定一个包含 n 项的集，每项包含一个权重和一个值，我们问是否存在项的一个子集，使得该子集的权重和至多为一个指定权重 W 且总共的值至少为给定值 V。这个问题相当于是一个最优化问题的判定版本，其中对应的最优化问题是我们想要令背包中装载上能得到最高价值的子集项，且该背包的权重不得超过某个限定的权重。该最优化问题应用十分广泛，例如徒步旅行时确定装载什么最合适或者一个盗贼要选择偷窃什么物品会获得最高效益。

分割问题仅仅是背包问题的一个特例，其中每个项的值均等于它的权重，并且 W 和 V 均等于总的权重和的一半。如果能在多项式时间内解决背包问题，那么我们必定能在多项式时间内解决分割问题。因此可以看出，背包问题至少与分割问题一样难，我们不需要再详细描述整个归约过程来证明背包问题是 NP-完全的。

10.6　总体策略

至今你大概已经认识到，为了证明一个问题是 NP-难的，将一个问题归约为另一个问题并不存在一劳永逸的方法。一些归约相当简单，例如将哈密顿环问题归约到旅行商问题，一些归约极其复杂。如下是几个需要铭记于心的规则和一些会对归约有所帮助的策略。

从一般到特殊

当从问题 X 归约到问题 Y 时，必须以关于问题 X 的任意输入开始。但是你可以尽可能如你所愿地对问题 Y 的输入加以限制。例如，当你将 3-CNF 可满足性问题归约到子集-和问题时，该归约必须能够处理关于任意输入的 3-CNF 公式，但是该归约所产生的子集-和的输入可以有一种特定的结构：集合中包含 $2n+2k$ 个整数，且每个整数均是由一种特定的方式组成。这个归约不能产生关于子集-和问题的任意可能的输入，但这也是允许的。关键是我们能通过将 3-CNF 可满足性问题的输入转化为子集-和问题的输入来求解 3-CNF 可满足性问题，并将子集-和问题的解作为 3-CNF 可满足性问题的解。

然而，请注意每个归约必定满足这个形式：将关于问题 X 的任意输入转化为关于问题 Y 的某些输入，该形式甚至对链接在一起的归约也适用。如果你想要将问题 X 归约到问题 Y，且你也想要将问题 Y 归约到问题 Z，那么首先进行的归约必须是将关于问题 X 的任意输入转化为关于问题 Y 的某些输入，第二次进行的归约是将关于问题 Y 的任意输入转化为关于问题 Z 的某些输入。对于第二个归约（将问题 Y 归约为问题 Z），如果只是将第一次归约（将问题 X 归约为问题 Y）所得到的问题 Y 归约为问题 Z 是远远不够的，因为第一次归约得到的结果仅是问题 Y 某些输入的情况，而不是任意输入的情况。

利用归约源的限制优势

一般而言，当从问题 X 归约到问题 Y 时，你可能选择具有更多输入限制的问题 X。例如，选择从 3-CNF 归约可能比从布尔公式可满足性这一主问题进行归约更简单。布尔公式结构可以任意复杂，但是如果采用 3-CNF 公式进行归约，如前所述，我们可以利用 3-CNF 公式的特殊结构，可以明显看出从 3-CNF 公式进行归约比从布尔公式进行归约的优越性。

　　同样地，从哈密顿环问题进行归约比从旅行商问题进行归约更为直接，即使它们看起来非常相似。这是因为旅行商问题中，边的权重可以是任意正整数，而不是只可以取 0 或 1[⊖]。哈密顿环问题具有更严格的限制，因为每条边仅仅可以取两个"值"之一，即存在或者不存在。

寻找特例

206

　　某些 NP-完全问题恰恰是其他 NP-完全问题的特例，正如分割问题是背包问题的特例。如果你知道问题 X 是 NP-完全问题，并且问题 X 是问题 Y 的特例，那么问题 Y 必定也是 NP-完全问题。那是因为，正如我们在背包问题中看到的，如果问题 Y 存在一个多项式-时间的解决方案，那么问题 X 必定也存在一个多项式-时间的解决方案。更直接地阐述为，问题 Y 比问题 X 更具一般性，因此，问题 Y 至少与问题 X 一样难。

选择合适归约源

　　选择从同一个领域或者相关领域的一个问题归约到当前这个问题以证明当前这个问题是 NP-完全的，这种归约方式确实是一个很好的策略。例如，当证明顶点-覆盖问题——一个图问题——是一个 NP-完全问题时，可以采用将团问题归约到顶点-覆盖问题——团问题也是一个图问题。从 NP-完全的族谱树可以看出，我们从顶点-覆盖问题归约到哈密顿环、哈密顿路径、旅行-商和最长-无环-路径问题，这些归约中所涉及的所有问题都是关于图的。

　　然而，有时候，我们也会采取跨领域归约策略，例如将 3-CNF 可满足性问题归约到团问题和将 3-CNF 可满足性问题归约到子集-和问题。通常情况下，3-CNF 可满足问题是一个进行跨领域归约的合适归约源。

　　⊖　当我们将其他问题归约到旅行商问题时，边的权重取 0 或 1 即可；但是若从旅行商问题归约到其他问题，旅行商问题中边的权重的取值为任意值。——译者注

在图问题中，如果需要选择部分图，且无须考虑顶点顺序，那么顶点-覆盖问题通常是一个合适的归约源。如果需要考虑顶点顺序，那么可以选择将哈密顿环问题或者哈密顿路径问题作为归约源。

获取最大收益和最大补偿

在将哈密顿环问题的输入图 G 转化为旅行商问题的加权图 G' 时，我们当然鼓励使用 G 中出现的边作为旅行商问题的相应边。我们可以对这些边赋予非常小的权重：0。换句话说，我们利用这些边会获得巨大收益。

或者，我们也可以对 G 中的边赋予一个有限的权重，对不在 G 中的边赋予一个无限的权重，因此如果使用不在 G 中的边，我们会得到很重的惩罚。如果采用这个方法，且对 G 中的每条边赋予一个值为 W 的权重，那么此时我们必须将旅行商问题中的目标权重 k 设为 nW。

设计附件图

我没有深入研究附件图的设计，因为设计附件图是一个非常复杂的操作。附件图适用于那些被附加了特定性质的情况。"拓展阅读"推荐的书籍 [207] 介绍了归约中如何设计和使用附件图的相关例子。

10.7 前景

我已经描绘了一个相当阴郁的画面，对吧？想象一个情形，你正绞尽脑汁地思考一个问题的多项式-时间算法，但是无论多么用功，你仍然无法找出一个多项式-时间的解决方案。一会儿，倘若你突然找到了一个 $O(n^5)$-时间的算法，你会欣喜若狂，即使你知道 n^5 随着 n 的变化会增长得很迅速。或许这个问题与你已知的能够很容易在多项式时间内解决的问题类似（例如 2-CNF 可满足性问题与 3-CNF，或者欧拉环与哈密顿环问题），但是你却找不出关于你正考虑的问题的一个多项式-时间算法，这会相当地令人沮丧。最终你可能怀疑——仅仅是可能——你一直在用头撞墙以试图解决一个 NP-完全问题。但是，你突然意识到，你能够将一个已知的 NP-完全问题归约到该问题上，现在你知道了原来你正试图解决的问题是一个 NP-难问题。

那就是故事的结尾吗？要在任何合理的时间内解决该问题就一点儿希望也没有吗？

并非真是那样。当一个问题是 NP-完全的，这意味着对于某些输入是难解的，但是并不意味着对于所有的输入都是难解的。例如，在一个有向图中寻找一条最长的无环路径是 NP-完全问题，但是如果你知道该图是无环的，那么你不仅仅能在多项式时间内找到一条最长无环路径，而且能够在 $O(n+m)$ 时间实现（图上有 n 个顶点，m 条边）。回忆一下第 5 章在 PERT 图表中寻找一条关键路径时，我们所采用的方法。再看另外一个例子，如果你正试图解决分割问题，并且你知道集合中的所有整数和为一个奇数，那么你就能得出不存在任何方法能将该集合分割为两个具有相同的整数和的部分。

除了这些特例之外，还存在其他的有效方法。从此刻起，让我们开始关注决策变量是 NP 完全的最优化问题，例如旅行商问题。一些时间复杂度低的方法能够给出好的，通常也是非常好的结果。**分支界限**（branch and bound）技术将寻找最优化方案的过程转化为一种类似于树的结构，并且它能够切掉一大片树，因此该方法能够消除一大部分的搜索空间，分支界限技术基于非常简单的观点：如果它能判定出由搜索树的某一个结点出发的所有解决方案都不可能比至今得到的最好解决方案好，那么就不用再检查那个结点对应的解决方案及搜索树中位于那个结点之下的所有解决方案了。

另一个能够降低时间复杂度的通用技巧是**邻域搜索**（neighborhood

search)，它首先采取一种解决方案，随后将局部操作应用到该方案上以改进该方案直到不存在更好的改进为止。将旅行商问题中的所有顶点看作是飞机上的点，每条边的权重相当于这两个点之间的平面距离。即使加上这个限制，该问题依然是 NP -完全问题。采用**2-opt**技术，只要两条边产生交叉，我们就对它们进行转换，这会产生较短的环：

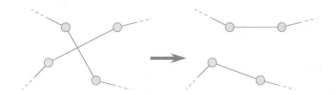

此外，大量的**近似算法**（approximation algorithm）能够保证结果在最优值的一个特定因子内。例如，如果旅行商问题的输入满足**三角不等式**（triangle inequality）——对于所有的顶点 u、v 和 x，边（u，v）的权重至多与边（u，x）和边（x，v）的权重和相等——那么存在一个简单的近似算法，该近似算法总能找到一条旅行商路径，并且该路径的权重和最多为最短路径的权重和的两倍，且该算法能够在关于输入规模的线性时间内完成。当旅行商问题满足三角不等式时，还存在一个更好的多项式-时间算法，它能给出一个权重和最多为最短路径权重和的 3/2 倍的路径方案。

令人诧异的是，如果两个 NP -完全问题密切相关，那么其中一个问题的好的近似算法，对于另一个问题，可能会产生一个不好的解决方案。换言之，一个问题的近似最优解决方案对于其他问题不一定是近似最优的解决方案。

然而，在现实世界情况下，能找到一个近似最优的解决方案就已经相当好了。回想关于包裹-邮寄公司使用棕卡车的讨论，包裹-邮寄公司很乐意对他们的棕卡车寻找出近似最优的路线，即使路线不一定是最好的。使用高效路线计划所省下的每一分钱都会帮助节省成本。

209

10.8　不可判定问题

再说一次，如果你认为 NP-完全问题是算法领域中最难的问题，那么接下来，你还会大吃一惊。理论计算机专家基于解决一个问题需要花费多少时间和多少资源，已经定义了一个关于复杂性类的层次关系。一些问题被证明会花费关于输入规模的指数时间。

还存在更糟糕的情况。对于一些问题，不可能设计出解决这些问题的算法。也就是说，一些问题被证明不可能创建出一个总能得出正确答案的算法。我们称这样的问题为**不可判定的**（undecidable），其中最著名的不可判定问题是**停机问题**（halting problem），该问题于 1937 年被提出，由数学家 Alan Turing 证明是不可判定的。停机问题中，输入是一个计算机程序 A 和程序 A 的输入 x。目标是判定程序 A 运行在输入 x 上，是否会停机。也就是说，输入为 x 的程序 A 能执行到完成吗？

或许你正考虑写一个程序——姑且让我们将它称为程序 B——程序 B 读入程序 A，程序 B 读入 x，并且模拟以 x 为读入的程序 A 的运行过程。如果输入为 x 的 A 确实能够执行到完成，那么自然是好的。要是 A 不能执行到完成呢？程序 B 如何知道什么时候宣称程序 A 永不停机呢？当 A 进入某种无限循环状态时，B 如何检查操作呢？尽管某些情况下 A 不停机时，B 能够做出相应的检查操作，但是已经证实了程序 B 不可能在任意情况下都能停机并指出输入为 x 的程序 A 是否停机。

因为不可能写出一个程序来判定另外一个正运行在特定输入上的程序是否停机，必然也不可能写出一个程序来判定另一个程序是否满足某个规则。如果一个程序都无法断定另一个程序是否会停机，更不用说，一个程序如何能断定另一个程序能否给出正确答案呢？完善自动软件测试还需要做太多工作！

　　为免你认为不可判定问题必定与计算机程序性质有关，***Post's Corre-
spondence Problem***（波斯特对应问题，*PCP*）就是关于字符串的，例如我
们在第 7 章所看到的。假定至少有两个字符，且我们有由这些字符所组成
的两个包含 n 个字符串的列表，A 和 B。令 A 包含字符串 A_1，A_2，A_3，$\cdots$，
A_n 且 B 包含字符串 B_1，B_2，B_3，$\cdots$，B_n。问题定义为确定是否存在一个索
引序列 i_1，i_2，i_3，$\cdots$，i_m 以便 $A_{i_1} A_{i_2} A_{i_3} \cdots A_{i_m}$（也就是，将字符串 A_{i_1}，
A_{i_2}，A_{i_3}，$\cdots$，A_{i_m} 连接在一起）与字符串 $B_{i_1} B_{i_2} B_{i_3} \cdots B_{i_m}$ 相同。例如，假定 $\boxed{210}$
这些字符为 e、h、m、n、o、r 和 y，$n=5$，并且满足

$$
\begin{aligned}
A_1 &= \text{ey}, & B_1 &= \text{ym}, \\
A_2 &= \text{er}, & B_2 &= \text{r}, \\
A_3 &= \text{mo}, & B_3 &= \text{oon}, \\
A_4 &= \text{on}, & B_4 &= \text{e}, \\
A_5 &= \text{h}, & B_5 &= \text{hon}
\end{aligned}
$$

满足该条件的一个索引序列为 $\langle 5，4，1，3，4，2 \rangle$，由于 $A_5 A_4 A_1 A_3 A_4 A_2$ 和
$B_5 B_4 B_1 B_3 B_4 B_2$ 均会组成 honeymooner。当然，如果存在这样一个解决方
案，那么就会存在无限多个解决方案，由于你仅仅需要不断重复这一解决
方案的索引序列即可（如 honeymoonerhoneymooner，等等）。对于不可判
定的 PCP，我们必须允许 A 和 B 中的字符串至少使用一次，因为否则的话
你仅仅需要列出这些字符串的所有可能组合即可。

　　尽管 PCP 本身看起来并不是很有趣，但是我们能将它归约到其他问题，
从而证明其他问题也是不可判定的。正如证明一个问题是 NP-难时所使用
的相同观点：给定一个 PCP 实例，将它转化为另一个问题 Q 的实例，因此
通过 Q 实例的解决方案能够相应地推出关于 PCP 实例的解决方案。如果能
够得出 Q 是可判定的，那么 PCP 也是可判定的；但是由于我们知道 PCP 是
不可判定的，因此 Q 也是不可判定的。

　　PCP 归约到的所有问题中，部分问题是关于**上下文无关文法**（Context-

Free Grammar）（CFG）的，上下文无关文法阐述了大多数编程语言的语法。上下文无关文法是产生**形式语言**（formal language）的一系列规则，也就是表示"一个字符串集"的特殊方式。通过将 PCP 归约到上下文无关文法，我们能证明出两个上下文无关文法能否生成相同的形式语言是不可判定的，两个上下文无关文法能否产生任何共同的字符串也是不可判定的，一个给定的上下文无关文法是否是**二义的**（ambiguous）也是不可判定的：是否存在使用上下文无关文法规则生成相同字符串的两种方法？

10.9   小结

我们已经看到了涉及各种领域中的一系列算法，不是吗？我们已经看到了一个会花费亚线性时间的算法——二分查找。我们已经看到会花费线性时间的算法——线性查找、计数排序、基数排序、拓扑排序和在有向无环图中寻找最短路径。我们已经看到了会花费 $O(n\lg n)$ 时间的算法——归并排序和快速排序（平均情况下）。我们已经看到了会花费 $O(n^2)$ 时间的算法——选择排序、插入排序和快速排序（最坏情况下）。我们已经看到了会花费关于顶点数目 n 和边的数目 m 的某个线性组合时间的图算法——Dijkstra 算法和 Bellman-Ford 算法。我们已经看到了会花费 $\Theta(n^3)$ 时间的图算法——Floyd-Warshall 算法。目前我们也看到了对于一些问题，我们不知道是否存在多项式-时间算法。我们也看到了对于一些问题，无论花费多少运行时间，也无法设计解决这些问题的算法。

即使只是对计算机领域的算法进行了这一相对简洁的介绍$^{\ominus}$，你也能看到计算机领域涵盖了许多方面。本书只涵盖了计算机领域的非常小的一部分。而且，我将我们的分析限制在一个特定的计算模型内，即仅仅使用一

$\ominus$　将本书的页码与《算法导论》（CLRS）的页码进行对比，《算法导论》第 3 版大概有 1292 页！

个处理器来执行操作且无论数据存储在计算机内存的什么地方，执行每个
操作所花费的时间都大体相同。多年来，已经提出了许多计算模型，例如
具有多处理器的模型，执行一个操作所耗费的时间依赖于数据存储位置的
模型，数据以一种无重复流到达的模型和量子计算机模型。

你能看到计算机算法领域存在许多未知问题和许多还未提出的问题。
参加一堂算法课——或者你也可以选择参加一堂网上课程——来帮你解答
疑惑！

10.10 拓展阅读

如果你对 NP -完全问题的研究很感兴趣，那么就请阅读由 Garey 和
Johnson 所写的关于 NP -完全的书籍 [GJ79]。《算法导论》[CLRS09] 中
有一章介绍 NP -完全问题，相比本章的内容，其中涉及了更多技术方面的
知识，且其中还有一章介绍近似算法。倘若你想要深入探究计算复杂性的
知识，我推荐阅读 Sipser 所写的书 [Sip06]，这本书中对停机问题是不可判
定的证明介绍得非常细致、精悍，容易理解。

212

参 考 文 献

[AHU74]   Alfred V. Aho, John E. Hopcroft, and Jeffrey D. Ullman. *The Design and Analysis of Computer Algorithms*. Addison-Wesley, 1974.

[AMOT90]   Ravindra K. Ahuja, Kurt Mehlhorn, James B. Orlin, and Robert E. Tarjan. Faster algorithms for the shortest path problem. *Journal of the ACM*, 37(2):213–223, 1990.

[CLR90]   Thomas H. Cormen, Charles E. Leiserson, and Ronald L. Rivest. *Introduction to Algorithms*. The MIT Press, first edition, 1990.

[CLRS09]   Thomas H. Cormen, Charles E. Leiserson, Ronald L. Rivest, and Clifford Stein. *Introduction to Algorithms*. The MIT Press, third edition, 2009.

[DH76]   Whitfield Diffie and Martin E. Hellman. New directions in cryptography. *IEEE Transactions on Information Theory*, IT-22(6):644–654, 1976.

[FIP11]   Annex C: Approved random number generators for FIPS PUB 140-2, Security requirements for cryptographic modules. http://csrc.nist.gov/publications/fips/fips140-2/fips1402annexc.pdf, July 2011. Draft.

[GJ79]   Michael R. Garey and David S. Johnson. *Computers and Intractability: A Guide to the Theory of NP-Completeness*. W. H. Freeman, 1979.

[Gri81]   David Gries. *The Science of Programming*. Springer, 1981.

[KL08]   Jonathan Katz and Yehuda Lindell. *Introduction to Modern Cryptography*. Chapman & Hall/CRC, 2008.

[Knu97]   Donald E. Knuth. *The Art of Computer Programming*, Volume 1: Fundamental Algorithms. Addison-Wesley, third edition, 1997.

[Knu98a]   Donald E. Knuth. *The Art of Computer Programming*, Volume 2: Seminumeral Algorithms. Addison-Wesley, third edition, 1998.

[Knu98b]   Donald E. Knuth. *The Art of Computer Programming*, Volume 3: Sorting and Searching. Addison-Wesley, second edition, 1998.

[Knu11]   Donald E. Knuth. *The Art of Computer Programming*, Volume 4A: Combinatorial Algorithms, Part I. Addison-Wesley, 2011.

[Mac12]   John MacCormick. *Nine Algorithms That Changed the Future: The Ingenious Ideas That Drive Today's Computers*. Princeton University Press, 2012.

[Mit96]   John C. Mitchell. *Foundations for Programming Languages*. The MIT Press, 1996.

[MvOV96]   Alfred Menezes, Paul van Oorschot, and Scott Vanstone. *Handbook of Applied Cryptography*. CRC Press, 1996.

[RSA78]   Ronald L. Rivest, Adi Shamir, and Leonard M. Adleman. A method for obtaining digital signatures and public-key cryptosystems. *Com-*

munications of the ACM, 21(2):120–126, 1978.　See also U.S. Patent 4,405,829.

[Sal08]　　David Salomon.　*A Concise Introduction to Data Compression.*
Springer, 2008.

[Sip06]　　Michael Sipser.　*Introduction to the Theory of Computation.*　Course
Technology, second edition, 2006.

[SM08]　　Sean Smith and John Marchesini.　*The Craft of System Security.*
Addison-Wesley, 2008.

[Sto88]　　James A. Storer.　*Data Compression: Methods and Theory.*　Computer
Science Press, 1988.

[TC11]　　Greg Taylor and George Cox.　Digital randomness.　*IEEE Spectrum*,
48(9):32–58, 2011.

索 引

索引中所标页码为英文版原书页码，与页边栏中的页码一致。

O-notation (O 符号)，19-20

Ω-notation (Ω 符号)，20

Θ-notation (Θ 符号)，18-19

! (factorial) (阶乘)，22，140，180

⌊ ⌋ (floor) (向下取整)，29

A

abstract data type (抽象数据类型)，97

abstraction (抽象)，97

adaptive Huffman code (自适应赫夫曼编码)，166-167

adjacency list (邻接表)，79

adjacency matrix (邻接矩阵)，78

adjacent vertex (邻接顶点)，75

ADT (abstract data type，抽象数据类型)，97

Advanced Encryption Standard (AES) (采用先进的加密标准)，143，155

AKS primality test (AKS 素数测试)，148

algorithm (算法)

    approximation (近似)，3-4，209

    for a computer (对于计算机而言)，1

    correctness of (算法的正确性)，2-4

    definition (定义)，1-2

    greedy (贪心)，165

    origin of word (命名起源)，9

    polynomial-time (多项式-时间)，181

    polynomial-time reduction (多项式-时间归约)，186

推荐阅读

算法导论（原书第3版）

作者：Thomas H.Cormen, Charles E.Leiserson, Ronald L.Rivest, Clifford Stein
译者：殷建平 徐 云 王 刚 刘晓光 苏 明 邹恒明 王宏志
ISBN：978-7-111-40701-0 定价：128.00元

全球超过50万人阅读的算法圣经！算法标准教材。

世界范围内包括MIT、CMU、Stanford、UCB等国际名校在内的1000余所大学采用。

"本书是算法领域的一部经典著作，书中系统、全面地介绍了现代算法：从最快算法和数据结构到用于看似难以解决问题的多项式时间算法；从图论中的经典算法到用于字符串匹配、计算几何学和数论的特殊算法。本书第3版尤其增加了两章专门讨论van Emde Boas树（最有用的数据结构之一）和多线程算法（日益重要的一个主题）。"

—— Daniel Spielman，耶鲁大学计算机科学系教授

"作为一个在算法领域有着近30年教育和研究经验的教育者和研究人员，我可以清楚明白地说这本书是我所见到的该领域最好的教材。它对算法给出了清晰透彻、百科全书式的阐述。我们将继续使用这本书的新版作为研究生和本科生的教材及参考书。"

—— Gabriel Robins，弗吉尼亚大学计算机科学系教授